U0427859

华夏文库·民俗书系

松风煮茗

婺源茶事

洪忠佩 著

大地传媒　中州古籍出版社

《华夏文库》发凡

毫无疑问，每一个时代都有属于自己时代的精神追求、文化叩问与出版理想。我们不禁要问，在 21 世纪初叶，在全球文明交融的今天，在信息文明的发轫初期，作为一个中国出版人，我们正在或者将要追求什么？我们能够成就或奉献什么？我们以何种方式参与全球化时代的文化传播进程？在一连串的追问下，于是，有了这套《华夏文库》的出版。

自信才能交融。世界各大文明在坚守自身文化个性的同时，不约而同地加快了探视其他文化精神内涵的步伐，世界不同文明正在朝着了解、交流、碰撞、借鉴与融合的方向前进。在此背景下，建立自身的文化自信，正是与世界各文明民族进行文化交流的基本要求。五千年中华文明与文化正在不断地被其他文明所发现、所挖掘、所认知，汉语言正在生长为世界语言，儒文化正在世界各地生根发芽。

借助这样一种正在成长着的文化自信、自觉、开放、亲和之力，用我们这个时代的学术眼光全面系统梳理中华五千年的文明与文化，向其他各大文明与文化圈正面展示自我，让中华优秀文化成为世界文化的重要组成部分，正是我们出版这套文库的目的之一。此其一。

知己才能知彼。身处五千年文化浸润的今天，重新思考我们先人的人生思考、价值思考与哲学思考，找到一个民族、一个国家的价值所在、立命所在、安身所在，这已经是我们这个时代的学人与出版人不得不再思考的问题。作为中华文明的一分子，我们在思考的同时，还必须了解我们的先人创造了如何优秀的精神文明与物质文明以及社会文明。只有熟知自己的文化，热爱自己的文化，悟明自己的文化，我们才能宣说自己、弘扬自己、光大自己。因此，我们策划组织这套《华夏文库》的初衷，还在于让当下的知识青年全面系统瞭望中华文明与文化的全景，并借此能够对更为深广的世界各民族文化提供一个比较认知的基础。此其二。

顺势才能有为。我们正处在农耕文明、工业文明、信息文明的交汇处，信息文明带领我们从读纸时代进入读屏时代，以智能手机屏幕为代表的书籍呈现方式正在与纸质书籍争夺阅读时间与空间。我们正在领悟数字技术，正在以信息文明的视角，去整理、分析和研究农耕文明与工业文明的文化遗产，不仅仅是为了唤醒优秀的传统文化，我们还在生发和原创着当今时代的文化。由此，我们试图架起一座桥梁——由纸质呈现而数字呈现，由数字呈现而纸质呈现，以多媒介的书籍呈现方式，将文字、图像、声音与视频四者结合，共同筑成《华夏文库》以奉献给信息文明时代的新读者。此其三。

总之，这是一套——专家大家名家写小书；以最小的阅读单元，原创撰写中华精神文化、物质文化与社会文明系列主题与专题；以图文、音视频多媒介呈现的方式，全面介绍与传播中华文明与优秀文化，系统普及与推介中华文明与文化知识；主旨是为了让世界与中国共同了解中国的——大型丛书，借此，复兴文化，唤起精神，融入世界。

耿相新

2013 年 6 月 27 日

《华夏文库·民俗书系》序

《民俗书系》是中原出版传媒集团一项浩大工程《华夏文库》的一个重要组成部分，分为十个系列：生产贸易民俗系列，衣食住行民俗系列，社会家庭民俗系列，人生仪礼民俗系列，生态、科技民俗系列，信仰民俗系列，岁时节令民俗系列，语言文学民俗系列，民间游乐民俗系列和民间艺术系列，涉及民俗文化的所有方面。这是一套具有相当规模的民俗类丛书。第一期约300本，每个省、自治区、直辖市10本左右。以后还有第二期、第三期。从数量上看，这套书在民俗文化呈现的广度方面是前所未有的。

有规模，成体系，才能产生深刻而广泛的社会效应。就民俗文化而言，一两本书，做得再精致，影响也是有限的。只有达到一定规模，才能全面、系统而又细致地展现中国各民族各地区丰富灿烂的民俗文化。中国幅员广阔、民族众多，以往有关民俗文化的呈现多是局部的，有很大的局限性，而《民俗书系》是对中华各民族民俗文化全方位的展示，超越了已出版的任何一套民俗丛书。这有助于对中华各民族民俗文化进行整体观照，多向度地把握、理解和享用中华各民族民俗文化。

十个系列仅仅是给定了民俗文库选题的范围和领域，而每本书的选题要求主要体现在两个方面。一是强调具体和细微。选题越具体越好，越细微越好。以往民俗文化方面的书，选题都比较大，侧重在"面"

上,而《民俗书系》的选题,侧重在"点"上。譬如中国民居方面的选题,以往即为中国民居,如陕北窑洞、蒙古包、客家民居、北京四合院等等,我们这套书要求选题更为具体,诸如门、床、窗、影壁、屋脊、砖雕、上梁仪式、天井等等。选题越具体、越集中,越能书写得深入,越能说得透彻,从不同方面把这一指向范围细微的"事象"的表现形式、过程、内涵阐述清楚。一个选题,仅涉及一个方面的话题或事物,全书就围绕一个具体的民俗"事象"集中笔墨展开阐述。

二是强调地域性。选择具有地方特色的民俗文化。选题不避偏,即便是不为外界所知的民俗文化"事象",也可以作为选题。这样的选题纳入整套书系之中,其所描述的对象就成为整个中华民族民间文化体系中的一部分,具有不可替代的位置。通过这套文库的出版,将这一原本影响不大的民俗文化"事象"推向全国,乃至世界。此处的地域是具体的,不是覆盖整个省,甚至大片地区和流域,而是局限于某一市县、某一城镇、某一村落。写一个具体地方的某一具体的民俗"事象",民俗"事象"所流传的范围是明确的。当然,也有的以一个地方的某一民俗"事象"为书写中心,适当涉及其他地方相同的民俗"事象",包括引用其起源、历史发展脉络和内涵分析等方面的相关资料,采用了以点带面的叙述范式。也有的通过图片的方式,连接其他地方同一民俗文化"事象",做一些适当比较。

在这两点要求的基础上,这套民俗书系的选题是开放性的,面向中华各民族的广袤大地和民俗文化的汪洋大海。

《民俗书系》中的每本书字数在6万~7万,配有多幅图。根据选题本身的特点选择不同的写作角度和呈现方式,甚至有的以图为主,文字只是起到辅助、说明的作用。也有的以一个故事或传说为引导,再进入民俗"事象"本身,展开层层阐述。每本书的结构简洁而又灵活,便于作者把握和读者阅读。在述与论的关系方面,以"述"为主,"述"是全书主要的行文方式和表现主体;以"论"为辅,富有层次地清晰演示特定民俗"事象"的表现形态及其现状和历史,说明其深厚的文化内涵,提供其社会及文化背景。每幅图片都有比较翔实的说明,诸如图片中的人是谁,都在干什么,主要景观和物品的名称、含义,画面属于仪式过程的哪个环节等。图片不是配图,不是为了美观,而是整本书的有机组成部分。

这套《民俗书系》追求一种原生态写作境界。这里的原生态,就是强调民俗表达的原汁原味。所使用的文字素材和图片基本上是作者自己采集到的第一手资料,夯实了全书的所有内容。这套书系的作者绝大多数不是学者或专业研究人员,而是地方文化精英,是地方民间文化传统的积极传承者。作者就是当地人,对这一选题或这一民俗"事象"最为熟悉,而且反复经历和参与过这一民俗活动,最了解这一民俗活动,并具有一定的书面语言表达能力,是最适合写这本书的人。作者对这一选题有比较丰富的资料积累和信息储备,是这一选题的代言人和权威,而书的出版更是对作者权威地位的认定。这套书系的价值主要不是学术上的,不是理论方法方面的,而是发掘地方民俗文化资源,真实、客观地再现了民俗文化,展示了民俗文化本身具有的文化魅力和现实意义。这套书系可称之为原生态民俗书系。

《民俗书系》编纂和出版的动机是宏伟的,具有高远的历史文化志向和神圣的现实责任感。这一浩大工程值得您的期待,更值得您的关注。

万建中

2015年1月20日于京师园

目录

一 叶里乾坤
——叶脉中的相承

1 茶典中的标记 …………………………… 2
2 浙岭上的方婆遗风 …………………………… 6
3 朱子儒学的浸润 …………………………… 11
4 乡野的清香 …………………………… 15
5 固守的情怀 …………………………… 34

二 约定俗成
——生活的信仰

1 洗三朝 …………………………… 46

2　客来敬茶 49

　　3　祭茶神 52

　　4　寄身的门道 54

　　5　木商簰夫温水泡茶 60

　　6　茶礼 62

　　7　和事茶 65

　　8　以茶入馔 67

　　9　以茶为祭 70

　　10　茶灯 75

三　屋檐下的茶语
　　——生发的乡土气息

　　1　茶谚里的风趣 79

　　2　茶谜里的情趣 82

　　3　茶与水的乡音 85

四　茶乡的韵味
　　——心灵与精神的契合

　　1　茶的画境 106

2　茶诗的表达 ·················· 112

　　3　茶歌的情调 ·················· 123

　　4　茶联的镌痕 ·················· 132

五　风情的演绎
　　——婺源茶道的前世今生

　　1　农家茶 ····················· 144

　　2　文士茶 ····················· 147

　　3　富室茶 ····················· 150

参考文献 ························ 152

小知识目录

《茶经》 5
方婆遗风 9
《徽州婺北镜心堂重修浙岭征信录》 9
朱熹与婺源 14
《积庆义济茶亭碑记》 20
"五岭"与"徽饶道" 33
婺源县洪村光裕堂《公议茶规》 39
茶号 40
《婺源茶事通告》 44
"小把戏"（小孩）禁忌 47
坐席规矩 51
四时八节 51
三牲 53
起屏（竖柱）、上梁 58
山客与水客 61
三茶六礼 64
点茶与煎茶 66
一日三茶 69

婺源"祭社公"	73
"段莘十八"与清社公菩萨"观灯"	73
接春	77
中国"绿茶金三角"	81
婺源方言	84
汪铉	87
婺源茶商的茶叶外运途径	89
《茶叶全书》	93
罗伯特·福琼窃茶	94
"协和昌"茶庄	96
思溪村	99
婺源古代产茶数量	103
婺源博物馆馆藏茶具	109
婺源与"八仙"的传说	110
文会	121
婺源对联习俗	140

一 叶里乾坤
——叶脉中的相承

一片叶子，一种乾坤。

配得上乾坤的叶子，只有茶。

茶，注入无华的水，人的一生就可以在一杯茶里修行。

一个地方更是如此，有了茶风茶俗，就有了生活的意境。

在中国的乡村版图上，在婺源茶韵缭绕的村庄里，去追溯远古的一缕茶香与以茶为礼的风俗渊源，一如在山水长轴中去追寻一方清溪映出民居与峰峦的水墨意境，古意而清新。尽管场景是以波纹的形式漫开的，抑或来路是片段式的，但丝毫不影响它相沿成俗，以及与中华茶文化的一脉相承。

1 茶典中的标记

在中国960万平方公里的大地上,去采集南方婺源一个县份历史上茶的芽头,犹如在茶的故乡去追寻一缕氤氲的清香。

以时间为原点,婺源茶在文字中的出现,是在唐代陆羽开启的茶的时代。陆羽是一个弃儿,他在寺庙里长大成人后,就牵着一匹瘦马游遍大江南北。人生的路上,陆羽与茶相遇,在一杯茶里下足了功夫,修行得"道",成了"茶圣"。

"茶者,南方之嘉木也。"陆羽在《茶经》里,第一次为这种神奇的植物留下了智慧的因子,还有遗传的密码。"歙州(茶)生婺源山谷。"对于婺源人而言,每次翻开《茶经》的时候,总能感觉到离那个遥远的时代距离又近了一些,仿佛字里行间有一杯陈年的婺源茶在醒来。

陆羽的《茶经》,是对各地游历考察和调查研究的"茶记"。《茶经》第一次刊刻,是在780年。那时,婺源刚设置县治不久,归歙州管辖。当时的歙州,州府在歙县,地域包括现今的安徽黄山市休宁县、歙县、黟县、祁门县,宣城市绩溪县以及江西上饶市婺源县。根据陆

婺源茶园风光[1]

羽的记述，婺源茶无疑是歙州茶的代表，从中足以说明婺源在唐代就是中国著名的茶区了。

　　茶源于中国，始于巴蜀。四川、云南、贵州等西南地区，是我国茶树原始生产地。在历史上遥远的农耕时代，茶叶种植、生产究竟何时从西南传入江南？唐力新是《中国名茶》的作者之一，他在《茶的传布》一文中写道："汉朝茶叶传到江苏、浙江一带。江南初次饮茶始于三国。"当代茶学家、茶业教育家、制茶专家陈椽教授进一步探讨证明："在公元2世纪时，饮茶和种茶已流传到江苏、浙江和皖南茶区。"也就是说，在那时，茶已经进入了江南文化的核心地带。后来，茶成为江南名产。婺源古属徽州"一府六县"（六县：歙县、黟县、祁门、休宁、绩溪、婺源）之一，专家从茶叶文献、稗官野史、文人诗词以及茶叶发展传播的史实和相邻茶区的产制史中推论得出，早在汉、晋时期，婺源就开始了茶的种植。

---

[1] 本书中的所有图片均有胡红平、程晓军、王汝春、戴奔洪提供。

陆羽在《茶经·八茶之出》中，列出了唐代产茶区的8个道、43个州郡、44个县，婺源位列其中。《茶经》的问世，进一步推动了茶事的发展。100多年后，南唐刘津在《婺源诸县都制置新城记》中，记述有茶区盛况："太和中，以婺源、浮梁、祁门、德兴四县，茶货实多，兵甲且众，甚殷户口，素是奥区。……于时辖此一方，隶彼四邑，乃升婺源都制置，兵刑课税，属而理之。"（《全唐文》卷八七一）在这篇《婺源诸县都制置新城记》中，刘津已把婺源与浮梁、祁门并列，说明婺源的茶产量并不逊于浮梁、祁门，并在此设税茶机构负责管理四县茶税，说明婺源的税茶额当在浮梁、祁门之上，属税茶大县。光绪二十三年（1897），任职皖南茶厘局的朝廷道员程雨亭对徽州绿茶的茶质留下了这样的评价："徽产绿茶以婺源为最，婺源又以北乡为最，休宁较婺源次之，歙县不及休宁北乡，黄山差胜，水南各乡又次之。"

婺源茶山

唐人封演在《封氏闻见记》中说:"古人亦饮茶耳,但不如今人溺之甚,穷日尽夜,殆成风俗。"婺源与南方乃至全国其他茶区一样,饮茶形成风气应是始于唐代。

小知识◎《茶经》

《茶经》是中国乃至世界现存最早、最完整、最全面介绍茶的第一部专著,被誉为茶叶百科全书。书中全面介绍了中国茶叶生产的历史、源流、现状、生产技术以及饮茶技艺、茶道原理等内容,并将普通茶事提升为一种美妙的文化艺能,有力地推动了汉民族茶文化的发展。

《茶经》是唐代陆羽历时26年完成的著述。他虽然隐居在苕溪(今浙江湖州),但为了考察茶事,走遍了信江两岸、武夷山中的山山水水,曾在信州上饶(今属江西)寓居4年。唐代诗人孟郊为此留下了诗篇——《题陆鸿渐上饶新开山舍》:"惊彼武陵状,移归此岩边。开亭拟贮云,凿石先得泉。啸竹引清吹,吟花成新篇。乃知高洁情,摆落区中缘。"1000多年前遗存的"陆羽泉"至今保存完好。

2 浙岭上的方婆遗风

历史上的五代,简单地说,就是在50多年的时间里更换了五个朝代。在群雄割据、动荡不安的年代里,五代的君主也没能走出唐代贡茶赐茗风气的影响,他们对茶的喜好都记在了《旧五代史》中:后梁开平二年(908)三月,"以同州节度使刘知俊为潞州行营招讨使。壬午,宴扈驾群臣并劳知俊,赐以金带、战袍、宝剑、茶药"(《梁书·太祖纪》);后梁乾化元年(911)十二月,"两浙(吴越)进大方茶二万斤"(《梁书·太祖纪》);后周显德五年(958)三月,"江南(南唐)李景(璟),遣其臣兵部侍郎陈觉,奉表陈情,兼贡……乳茶三千斤"(《周书·世宗纪》),不久,南唐又再次派宰相向后周"献犒军银十万两,绢十万匹,钱十万贯,茶五十万斤,米麦二十万石"(《周书·世宗纪》)……

此时,作为歙州茶叶主产区的婺源,茶早已融入了当地人们的生产、生活中。

浙岭,又名浙源山,位于婺源县城北57公里处,海拔800多米。在春秋后期吴楚争雄的年代,浙岭是吴国、楚国的划界之地。据道光《徽州府志》记载：徽州"东有大鄣山之固，西有浙岭之塞，南有江滩之险，北有黄山之阨"，可见浙岭地理位置之重要。后来，浙岭成了进出徽州、饶州的重要通道，有"七省通衢"之称。民国的时候，镜心堂以佛教的名义对浙岭进行了重修。旧时，婺源人赴京赶考，外出经商，甚至衣锦还乡，都由浙岭往返。清代康熙年间詹奎题刻的那块"吴楚分源"的界碑依旧在，而当年往返在徽饶古道上的商旅已失去了踪影。

相传五代期间（907～960），浙岭下的岭脚村有一位姓方的妇女，看到浙岭头每天行人络绎不绝，于是，她只身一人搬到浙岭头的万善庵山亭中居住，每日挑水、生火，为过往的行人、挑夫烧茶解渴，长年累月从不间断，不分贵贱，不收分文。天长日久，人们都亲切地叫她"方婆"。

浙岭石缝中涌出的山泉，俨如神灵的恩赐，而方婆挑水去茶亭烧茶仍需要付出艰辛的劳动。挑水、生火、烧茶、济茶，这是方婆一天至关重要的内容，一天、一月、一年、十年……方婆做了一辈子。浙

婺源浙岭下的岭脚村

岭，也成了方婆终老的地方。过往路人感其恩德，拾石堆冢。年复一年，方婆的墓竟堆成了一座高6米，占地约60平方米的大石冢，世人称为"堆婆冢"。宋代诗人许仕叔赋诗赞道："乃知一饮一滴水，恩至久远不可磨。"

  每一个听过方婆故事的人，抑或拜谒过堆婆冢的人，心中都对她持之以恒的乐善好施感到震撼。遗憾的是，人们无法从地方志中找到有关她身世与名字的文字。从万善庵山亭开始，随着浙岭的蜿蜒，沿着星江的流淌，方婆的故事还在婺源一代代传颂，她的精神还在乡野村落流芳。婺源乡民以礼待客，以做好事为荣，在乡村一些山亭、路亭、桥亭、店亭、茶庵设缸烧茶，免费提供给过往的行人解渴消暑，各地茶礼、茶俗蔚然成风。在千年的时光里，这样的承传，都是婺源人对方婆最好的致敬。

晓和亭茶亭

小知识◎方婆遗风

笼统地说，中国的茶文化就是中国制茶、饮茶的文化。而在制茶、饮茶的过程中，不仅讲究伦理道德的"茶德"，讲究修身养性的"茶境"，也讲究施茶济茶的"积善"。

在中国饮茶的历史长河中，婺源乡村茶亭和茶庵济人茶水以方便过往路人的施茶，不收取分文，是一种比较特别的方式，它源于五代时浙岭的方婆。婺源乃至徽州将这种世代传承的施茶善行称为"方婆遗风"。

◎《徽州婺北镜心堂重修浙岭征信录》

我徽六邑，居万山中，通衢率多峻岭，婺之岭较他尤多。其在婺北，而称通衢者，则我岭浙也。自东至西，缭绕如羊肠，然约十里有奇，而其高也，则巍巍乎，鸟道之不可攀焉，前人取石为级，而造之，而修之。且修不一，修并为之。筑亭于腰，与顶盖不知费……开乩坛于虹关，名曰"镜心堂"。纯以慈善为宗，旨凡地方之路亭，以及施衣施棺并掩埋善举，胥仗我佛筹划得以劝募施行休哉……维时坛弟子等，踌躇再四，预算工程恐恐乎，左支右绌，迁延者久之……于是，始由坛弟子及邻近之仁人义士，出其囊橐以为嚆矢责成。诸弟子经理越数年，几绌於财力，半途而止。幸赖旅沪詹君如，岭脚谦甫,虹关铭珊、炳三、子瀚来函,怂恿进行,并旅浙之甲村李君锦堂皆踊跃捐输,合力劝募,各有千数。于是集腋成裘,而功始毕。

3　朱子儒学的浸润

穿越时间的河流，人们去寻找婺源绿茶的根，去品味婺源绿茶的历史清香，朱熹对婺源茶文化的提升影响深远。

婺源是茶院朱氏的发源地，朱熹是茶院朱氏九世孙，他生前认定唐天祐年间（904~907）率兵防戍婺源、制置于茶院的先祖朱瑰为婺源茶院朱氏始祖。朱熹不仅倡导修编《婺源茶院朱氏世谱》，还亲自撰写了谱序。据说，在婺源县城南门朱熹故居左侧有一口"虹井"，朱熹父亲出生时，井中气吐如虹，而在朱熹出生时，井中却紫气如云。

朱熹一生嗜茶爱茶，晚年自称"茶仙"，赋诗题匾常以"茶仙"署名落款。朱熹从福建回家乡婺源扫墓时，他不仅把武夷岩茶之茶苗带回家，在祖居庭院植上10多株，还把老屋更名为"茶院"。在当时，茶院有两种功用：一是专事某种茶务的地方，二是设茶供饮的地方。朱熹故园茶院，当属后者。

南宋绍兴十九年，也就是1149年，朱熹在家乡扫墓期间，出游蚺城城墙下，看见石罅间有泉水淙淙涌出，清冽无比，觉得自己作为当朝进士，以后为官一定要像这泓清泉，"颠簸不失志，贫贱亦清廉"。

欣喜之余,他回到住处挥笔为清泉题名"廉泉",后门人弟子为此立石刻碑于泉旁。清康熙五年(1666),廉泉碑移至文庙正殿左侧,嵌入墙中供人瞻仰。后来,婺源县令仰慕朱熹的圣贤之名,把安葬朱熹四世祖朱惟甫之妻的九老芙蓉山改了名字——文公山即由此而来。今天的人们很难想象朱熹当年的影响力,文公山竟然成了婺源的一方禁山——"枯枝败叶,不得挪动。"如果失去了文字的载记,朱熹800多年前在墓周植下的杉树群就是最好的见证。

朱熹还借品茶喻求学之道,通过饮茶阐明"理而后和"的大道理。他说:"物之甘者,吃过必酸;苦者,吃过却甘。茶本苦物,吃过却甘。问:'此理如何?'曰:'也是一个道理,如始于忧勤,终于逸乐,理而后和。'盖礼本天下至严,行之各得其分,则至和。"(《朱子语类·杂类》)他认为在学习过程中要狠下功夫,苦而后甘,

婺源茶姑采茶

始能乐在其中。宋代煎茶仍然沿袭唐代遗风,在茶叶中掺杂姜、葱、椒、盐之类同煎,犹如大杂烩而妨茶味。朱熹对学生说,治学有如这盏茶,"一味是茶,便是真。才有些别底滋味,便是有物夹杂了"(《朱子语类·大学二》)。朱子巧妙地运用这一比喻,既通俗易懂又妙趣横生。中国茶文化的核心,离不开一个"和"字,"理而后和",朱熹以茶论道传理学,他把茶视为中和清明的象征,"以茶修德,以茶明伦,以茶寓理,不重虚华",只有爱茶、思茶的人,才会有这样精辟的阐述。朱熹的学说倡导自我修养,而茶,无疑是提升修养的最好伴侣。

南宋以来,特别是明代,婺源因是"文公阙里",儒学盛行,文风鼎盛。婺源人奉行朱子《家训》《家礼》,礼仪甚严,民风淳朴,作为待人的茶礼就更为讲究了。

婺源采茶时节

小知识◎朱熹与婺源

　　朱熹的父亲朱松在北宋政和八年（1118）考取功名后，从婺源去福建上任，为朱熹在尤溪出生埋下了伏笔。朱熹的一世祖朱瑰之墓、四世祖朱惟甫之妻——程氏豆蔻夫人之墓分别葬在婺源城郊与九老芙蓉山，他于1150年和1176年两次回到婺源祭祖扫墓。其间，他撰写了《归新安祭墓文》《婺源县学藏书阁记》，将自己所编的《河南程氏遗书》《河南程氏外书》《河南程氏经说》等转赠县学，在婺源讲学时，还收了滕氏兄弟为徒。

　　婺源古属徽州，而徽州所辖地曾称为新安郡。在朱熹的骨子里，深深地烙着"新安"的印痕，他在书信字画上落款"新安朱熹"就是最好的明证。朱熹是儒学集大成者，世称朱子。

4　乡野的清香

一滴露珠跌落，茶已在抽芽。

在遥远的时光里，柴火、灶台、陶瓮、瓦缸，抑或炭火、泥炉、茶壶飘逸出盈盈的茶香，都是走在婺源乡野可以享受的境遇。受方婆

婺源思口金竹茶园

遗风和朱熹儒家思想的熏染与陶冶，婺源人讲究儒家与佛家的行善施舍和普济众生。在行人过往的乡间道路和崇山峻岭中的驿道上，邻近的村民（或宗族或个人）往往捐资建设茶亭、茶庵，专门为过往行人供应茶水。一座座茶亭、茶庵，成了乡村路上行人歇憩的驿站。

茶亭

"五里一路亭，十里一茶亭。"古往今来，婺源乡村的公用建筑，除了祠堂，数量最多的当属路亭、茶亭。茶亭，置炉烧茶，供应路人，分文不取，称得上是反映婺源茶文化的一个窗口。清代时，仅县志中记载的茶亭就有130多座。而实际上，乡村山野遗存的茶亭数量更多，有180多座。婺源可以称得上是中国拥有茶亭最多的县份。一代代的婺源人，用双手创造了这一乡野上的奇观。如果把乡野上的茶亭看作一种生命形态，它的年龄有二三百岁的、一百到二百岁的以及百岁以下的。

茶亭一般建在通往乡村的路旁，也有建在村庄水口的，或是骑路垒墙而建，或是敞柱无墙，简单、通透、美观、实用，把村庄的审美情趣发挥到了极致。茶亭有墙的大多都是用青石垒砌的，青石与青石之间没有任何的黏合剂，却平整妥帖。临山的墙间，还设有"泗州菩萨"的神龛。茶亭无墙的，一般亭柱之间嵌着木板为凳。茶亭的亭柱和门框，有的还题有赞颂茶俗乡风抑或表达行人感激之情的对联。

江湾栗木坑村至婺源县城不到百里的路程，沿途就有路亭20座，其中常年济茶、烧茶的茶亭有6座。乡村茶亭无论是砖木结构的，还是砖石结构的，都有一个儒雅的亭名。比如：镇头的茗香亭、谭公岭的甘泽亭、清华的延芳亭、沱川的毓秀亭、虹关的永济茶亭、项村的梅心庵茶亭，以及憩云亭、澄心亭、环绿亭、慈荫亭、瑞庆亭、积庆亭、善济亭、甘泽亭、种德亭、仁寿亭、孝思亭等。还有的直接以里程或地名命名，如七里亭、十里亭、济口花亭、沾港岭腰亭、严田岭脚亭、严田岭脊亭、碳石岭脊亭、上店茶亭、言坑茶亭、秋溪茶亭、回头岭茶亭等，古朴民风可见一斑。

亭台楼榭，亭虽然是排在首位的，而婺源的茶亭相较于后者要简朴得多。茶亭的由来，与乡村族人和商人的善举不可分离。虽然，乡村茶亭是一个人或是一族人捐资建设的，却集结着集体的智慧。在婺源，有的村庄为茶亭设立茶会，负责茶亭的维护；有的村庄则为茶亭开辟了水田、茶地，以耕种的收入作为施茶的费用。婺源有关茶亭的捐建、维修，县志和族谱中均有许多记载。比如：虹关詹绳祖，"输租浙岭煮茗"；城北王德俊，捐资修五岭并重建茶亭；漳村王士镜，"于

察关水口南关茶亭

婺北船槽峡等处置茶亭"；江湾村江文枚，建造邻村镇头茶亭；玉川村胡昌龙，在路边建亭烧茶方便行人；理田村（今李坑村）李天钧，捐资修建金章、古箭两座茶亭；霞坞村叶永享，修永寿庵济川亭，并为路人煮茗解渴；思溪村江霖虽在山东经商，但家乡"修岭砌桥建亭施茗"，他都慷慨施助；长溪村戴丕政，捐资修村外庄林岭，并在岭头亭煮茗烧茶；龙腾村俞文英，出资在排岭澄心亭烧茶济客等。茶亭都有专人负责，大的茶亭还设有守亭人专事管理。茶亭中茶水等开支费用，有的由宗祠的田租支付，有的"由个人认捐负担，不假他人"。如段莘汪日新，因伯祖廉宪公建造的回岭茶庵年久失修，他便出资重修，还每年供应守亭人饭食，嘱其安心烧茶。还有段莘汪汝淦在济茶之外，"尤好义举，村往龙湾山路六十里，寂无人烟，曾经遣人五里造亭，十里建庵，以便栖息。顾峻岭崎岖，蚕丛逼仄，每值严冬雨雪，泥泞难行。汝捐租三十秤，津贴三处住庵人扫雪，行旅德之"。有的则由众人捐田捐租，济助茶亭。像思溪的腰亭、思里亭、泗洲亭，都是由思溪思本堂捐租的。

笔者没有去探究他们的来龙去脉，只是对他们的善举作了蜻蜓点水一样的罗列。至少，这样的善举可以令人刮目相看。

冲田梅岭，徽饶古道的一段，三五里之间就有一座路亭，如石亭、积庆亭、悦来亭、及第亭、福仕亭、桂香亭，亭与亭之间讲述的都是为人处世的道理。还是从石亭开始吧，说的是人生起步，做人要实打实；积庆亭，说的是要积善积德，只有这样才会有赏心悦目的人生风景；而及第亭呢，当然说的是功名了，获取功名入了仕途，只有淡泊名利，才会功成名就，才会有丹桂飘香的境遇。人生呢，像穿亭而过的梅岭一样，有上升，有平步，有回落。积庆亭实际上是一座济茶亭，光绪年间立的八条勒石条规，不仅对守亭人和住亭人的行为举止都提出了

梅岭悦来亭

梅岭积庆亭

严格的要求,而且对违规者的处罚也是十分严厉的。

《积庆义济茶亭碑记》中,还记载了茶亭捐租者名字、租额及地点,如"灶新,输入谷租拾秤,土名叫叶坞口田,壹土丘"等,从细节上反映了婺源人乐善好施、助人为乐的良好风尚。其实,婺源不仅有路亭免费供应茶水,桥亭、商家店亭也设灶济茶。

"茶亭几度息劳薪,惭愧尘寰着此身。输与路旁三丈树,荫他多少借凉人。"每一个经过婺源乡村茶亭的人,可能都会觉得袁枚的《茶亭》应是在婺源乡村茶亭中的行吟。

小知识⊙《积庆义济茶亭碑记》

一、设添灯一炷,夜照人行,灯火不得熄灭,如违议罚。

二、长生茶一所,无论日夜不得间断匮乏,如违重罚。

三、客行李什物倘有失落,查出住亭人私匿,先行议罚,再行逐出不贷。

四、住亭人不得引诱赌博,查出议罚逐出。

五、住亭人不得开设洋烟,查出议罚逐出。

六、住亭人不得窝藏匪类,留宿异端,查出议罚逐出。

七、住亭人持事逞凶,无故闹事,报知村内定行议处。

八、梅岭勘每逢朔望之日,住亭人须打扫,如违查出议罚。

光绪二十七年立

茶庵

撇开宗教的意义，庵还是一种孤独的安慰。相比之下，茶庵因茶而比庵多了几分暖意。

追溯婺源民间的宗教信仰，在唐代建县之前已无文字可循，据说拜祭的是地方上的五位神明（五显庙，亦称五通庙。1109年，五通庙获得朝廷的敕封改称灵顺庙），而有记载的第一座庙宇是在当时县治之地清华的荷恩寺（又称如意寺）。中唐以后，婺源佛教才逐渐走向兴盛。据说唐末五代时期，婺源的黄莲寺、天王院分别获得了朝廷的赐额。后来，从唐五代洞灵观（通元观）开始，婺源不仅有了道教的传入，而且呈规模化发展。据明代府志的记载，宋元之际，婺源只有5座庵堂，其中一座还是道士所建。而在康熙三十二年（1693）的县志中，婺源的庵堂多达142座。在《新安志》《徽州府志》《婺源县志》等地方志书的记载里，婺源从唐代至清代建立寺庙480座，其中庵堂就有250多座。

在遥远的年代里，婺源境内大部分庵堂除了供尼姑出家行佛事和居住外，有的从方便过往行旅出发，还标记"茶庵"，甚至表明了"施长生茶济众"的目的。元代的时候，婺源就有当地人在羊斗岭建庵施水。元大德五年(1301)，文学家戴表元为此撰写了《婺源羊斗岭施水庵记》："徽之山由闽出……为婺源也……烹汲茗饮，以沃其渴……捐稼田为亩者五圃地……"在清代黄应均等纂修的《婺源县志》中，永济庵是婺源最早记载在志书中的茶庵——位于"四十六都富春"，"里人吴肖岩创建"。而"十四都吊石岭"的博泉茶庵始建年月不详，清代的时候"沱川人余凤腾、余德明、余朝珙"对其进行了重建。几乎同期，"三都鱼潭村程钊兴、程佑"在村外建起了长生茶庵。在清代中期的段莘，一位名叫汪锡的生意人，"幼孤家贫，母青年矢志。锡长负贩经营，以致养家。渐裕，好义举。村有苍萝诸岭，上下数十里，行旅困乏。锡建苍林庵，筑亭施茶……"清代乾隆年间，"在十四都之浙岭头"，"僧续意募建"万善庵，"冬汤夏茶济众"。到了清末，万善庵重修时，南壁上镶嵌了一块"募化重修浙岭头万善庵佛殿茶亭石板暨庵前石塔"的石碑，茶亭的墙上还有"饮水即思源"的题字。

在婺源的地方志书里，无论是记载在人物志中的，还是记载于寺观条目下的，有关茶庵的文字记叙都少得可怜，有的甚至连建造者的名字都没有留下。比如："如露庵。在十都之燕岭。通休孔道，设茗济众。""沸涛庵。在八都之坑口上流，里人众建。置茶、田若干亩。""裕福庵。在四十七都之藻睦水口上。济众长生茶。""蛟岭庵。在四十七都。旁建茶亭。庚辰重造。""斑竹庵。在大汜斑竹山岭头。施茶济众。""万安庵。在十四都之浙岭山腰，乾隆丙申被毁，甲辰浙源詹姓重建，施茶济众。"即便有的茶庵记载了捐建者的名字，也是惜字如金："莲花庵。在回岭。廉宪汪兆谊建。施茶。""汇源庵。在二十三都之凤山水口，里人查公艺捐建，施长生茶。庵前又建文笔峰及养生潭。""眷桥庵。在十都之晓起。汪继蕃建桥，以祈母寿。蕃卒，妻洪氏造庵于左，用表眷念，捐田十亩，施长生茶。""连云庵。在十一都之回岭侧，有宜尔亭，汪思孝建。捐田十亩，施长生茶。乾隆丙午，回岭、裔村、西垣、西岸、东垣助修。""莲花庵。在回岭。廉宪汪兆谊建。施茶。""万圣庵。在四十二都之项村。项茂楠建。输田济茗。""天衢庵。在十八都之清华高奢。庵、外茶亭，俱江汝元建。"

还好，正是有这样的文字存在，人们才能够在废弃的茶庵中，抑或在茶庵的废墟上找到婺源人在生活中的修行与精神的持守。

乡野的烧茶人

"五岭一日度，精力亦已竭。赖是佛者徒，岭岭茶碗设。"元代任池州教授的婺源人王仪，在《过五岭》中记叙了当时崇山峻岭中茶亭济茶的景象。

五岭是婺东去歙州必由之路。五岭，随山峦叠起，曲折逶迤，跻攀直上，又因远离村庄，过往行人特别是挑夫走到这里都非常累。而就在这么偏僻的地方也都"岭岭茶碗设"，为过往行人筑亭歇脚、济茶解渴，可见方婆遗风在婺源乡村的深远影响。在婺源五岭之一的对镜岭下，茗坦村就建于茗修庵旁，茶的清香从明代，甚至更早，就在这里飘散。

婺源民间在路亭烧茶免费供应茶水的，除了受方婆遗风影响和佛教信仰影响的自愿者之外，还有因违反地方禁令被惩罚者。婺源文书抄本有一份录自嘉庆五年（1800）的《重禁养生河约底》，其中一条就是："违禁在养生河中捕鱼者，旧罚烧茶一月济众。"

与浙岭相隔只有几十里地的凤凰山古驿道旁，明慧古寺虽然屡毁屡建，而专人在寺内烧茶方便路人的做法却一直没变。古寺暗合茶之"明慧"的禅意，在20世纪50年代消失殆尽。

随着时间的推移，婺源乡村或石垒或砖砌的茶亭、茶庵，大多都

考水维新桥茶亭

已颓废坍塌了。沉寂的山野，也成了乡野烧茶人的归属。能够追记有关他们的只言片语，就是对他们最好的铭记。

（1）浙岭烧茶人

在方婆安魂的浙岭，有万善庵茶亭、同春亭、继志亭等，亭中烧茶、济茶已是岭脚村延续的村风。1949年前，在浙岭烧茶的是岭脚村村民詹少堂，新中国建立后他还在村里做过出纳。当时半岭有燕窝亭，岭上有上脊亭，都济茶。烧茶的水是从浙岭的水源处用半边毛竹做成水笕引进亭内的石缸，再从石缸舀起烧茶。接替詹少堂烧茶的是同村人詹春树，他带着老婆儿子在亭里烧茶，依靠山上的毛竹编菜篮、扎地帚（扫把）养家糊口。浙岭最后的烧茶人是詹启帮，他是参加抗美援朝的转业军人，山上茶叶地里采制的干茶，除了留下烧茶的，其他作为他的收入。詹启帮于20世纪70年代初辞世。

婺源传统制茶用具之晒盘与撮箕

婺源传统制茶用具之撮箕与拣盘

（2）车田烧茶人

婺源"屋脊"大鄣山（大鄣山主峰擂鼓尖海拔为1629.8米）下的车田，是婺源茶叶的主要产区之一，开村始祖洪延寿栽下的一棵至今已1000多年的古樟见证着村庄的过往：大训堂、敦叙堂、永裕堂、六经堂、星公祠,以及天香院、皓公亭等,都在岁月的苍凉中湮灭了。村庄连接清华等地的蜈蚣岭、五麻岭(石头岭),曾经有无数行人商旅越岭而过。在遥远的年月里,岭亭中都有车田人在烧茶、济茶。岭亭中的烧茶人究竟止于何时,已经找不到准确的年月(模糊的年代界定为新中国建立前后)。蜈蚣岭亭的最后烧茶人是车田岭下的"毛桃"(绰号,他的真实姓名叫黄春桃。"毛桃"有四兄弟,他排老大。如今,他的后人散居于里村、外诗村),而五麻岭的最后烧茶人则为车田村的洪三保。

(3)沽坊烧茶人

在村庄的一处遗址上,还原一座荡然无存的济茶路亭,只能靠村里老人的记忆:沽坊的驿道,当地人俗称"大路",是旧时连接蚺城与清华的主要通道。婺源在唐开元二十八年(740)建县,顺着这条"大路"一径走,不仅能想象到蚺城与清华在唐天复元年(901)新老县城的交替,还能够在婺北至徽州府陆路交通的咽喉处找到婺源茶商留下的辙迹。沽坊的亭名更是直截了当——路亭。明代初期,沽坊的肇基者是当地萝卜坑的余姓村民。因其在路边开店做买卖,就有了沽坊的村名。沽坊的路亭在济茶的同时,还兼有驿站的功用,设有铺位。离路亭不远,还有观音庙。沽坊村在20世纪50年代成立初级社,个体经济向集体经济过渡,路亭开始颓废,也就无人料理了。沽坊的最后烧茶人为余根德。

(4)东山烧茶人

《东山》是《诗经·豳风》中的一篇,而段莘东山村的先人直接借用诗歌标题做了村名。清光绪十二年(1886),东山走出了婺源最后一名进士江峰青。他从江西审判厅丞退隐后，在蚺城捐建虹东书院和倡设存古学社，又输田 200 亩，在村里捐建东山学社。东山村民欢喜地把村口永济桥的廊桥称为"茶亭"，其实，东山历史上还建有憩云亭、湛然亭、怀清亭、漱芳亭。而往万担源的东山岭岭脊的石亭则叫岭头亭。在 20 世纪五六十年代，茶亭和岭头亭还有人烧茶、济茶。东山村玉珍母子、坞头村曹德寿烧茶时，村里考虑前者为孤儿寡母，后者为孤寡老人，每天提供一升米作为补助。

（5）官坑烧茶人

唐德宗建中四年（783）的一个春日，宣歙观察使洪经纶与子全游，从休宁黄石（即如今的黄山黎阳）走进一片双溪交汇的开阔地踏春时，乐不思蜀，便有了官源村。而官源村易名官坑村，是若干年之后的事了。在千年的时光里，觉岭、青山岭都是官坑到安徽休宁和到婺源浙源的必经之路。七里源去觉岭的七里亭，青山岭的下垧亭，新中国建立前后分别由官坑村人洪爱兰和查顺归烧茶。洪爱兰靠种一亩多茶亭田过日子，而查顺归每个月则靠村里补助的三斗米来填自己和子女的肚子。1947 年 12 月，时任苏皖边区司令部参谋长的倪南山率领皖南游击队攻打段莘乡公所时，查顺归还为游击队带过路。1952 年，随着土地改革运动在官坑村展开，七里亭、下垧亭的茶香，便随之消散了。

（6）大溪烧茶人

从大畈济溪至大溪、里庄，一路上有茅坦亭、百亭、金家庄亭，均有叶姓和裘姓老人在亭中烧茶、济茶至 20 世纪 60 年代中期。

（7）茶培岭烧茶人

思口高枧村与赵家村交界的岭脊上有座茶培岭亭，亭内设杨令公神龛，山头村人齐发祥一家住在山上的庵堂里，负责在茶培岭亭烧茶、济茶。齐发祥一家以庵堂边的二亩茶地维系生活，从1952年其迁走后，茶培岭亭就废弃了。

（8）太尉庙烧茶人

究竟东汉文学家杨修的曾祖父杨秉、祖父杨赐、父杨彪与太尉庙村有怎样的关系，至今仍是个谜，而村中的太尉庙里的确供奉着杨秉、杨赐、杨彪祖孙三代太尉，村名也是因此而来。解读太尉庙，庙联里藏着答案："庙食数家村，赫厥声，濯厥灵，天道昭彰原显著；爵崇三太尉，桥如虹，河如鉴，人间善恶见分明。"太尉庙的庙前是河与石拱桥，而庙边就是汪太茶亭。1956年，农村实行土地、耕畜、大型农具等生产资料归集体所有，取消了土地报酬，实行按劳分配，太尉庙村由原来的初级农业生产合作社发展成高级农业生产合作社，在太尉庙汪太茶亭烧茶的汪坑人俞永生夫妇，从此搬出了汪太茶亭。

（9）五亩段烧茶人

五亩段村，江姓人建村，村口廊桥为江家桥，桥亭中济茶。五亩段村虽然设有茶会，但济茶只在夏天一个季节。在成立人民公社之前，江水金、江福祥、江桂祥为村里烧茶人，他们采取轮流烧茶的方式，都是在家中烧茶，用木桶装着送到桥亭，然后倒入桥亭木缸，供过往路人解渴消暑。距五亩段村不远的何家村桥头茶亭，何家村人采取的也是轮流烧茶的方式。在新中国建立前，烧茶人为了冬天给过往行人驱寒，还烧过姜茶。

（10）西源烧茶人

民国十八年（1929），程家村的程菊仁老来得子，他为祈求后福，在西源、东源汇合的地方建了宝宝亭施茶济人。新中国建立前后，西源的石峡古道还是思口通往浙源的必经之路。当时，在宝宝亭烧茶的是西源的王根荣（因为会桶匠手艺，绰号"桶匠根荣"）。1954年，王根荣病故，他妻子改嫁宝福寺村，宝宝亭断了茶香。

（11）紫云亭烧茶人

紫云亭处在秋口洙西与浙源交界的九里岚培古驿道上，距天竺庵不远，骑路而建，亭内设茶舍一间。据说，紫云亭系漳村亦致堂的先人所建。亭口的碑记上刻有修亭建茶舍捐款人的名字，立碑时间为光绪十七年（1891），立碑人为程祥兆、汪桂孙、程造如。1953年至1958年，在由洙西乡改为秋口乡洙西大队时期，紫云亭的烧茶人是洙西一位姓程的老人。

（12）新岭烧茶人

在婺源县城通往婺源北乡的必经之路上，有一条新岭，岭上建有岭脚亭、岭脊亭、腰亭三座石亭。岭脚亭的"助银碑记"上，依稀能够辨认出俞、胡、王、金等姓之人捐银，以及"清乾隆十三年（1748）吉旦"等字样。早年，新岭岭脊亭是由思溪村思本堂出资买下岭上的山场，把林木的收入用于住亭人员烧茶的支出。为了烧茶方便，岭脊亭的亭边还专门凿了"冷水窟"（一眼泉）。新岭与浙源乡岭下村交界的山腰上，有个新岭亭，亦是思溪村思本堂所建，外迁户彭建红随父亲住在亭中烧茶。没有石磨、石臼，彭建红就去岭下村里借，驮到亭中用，力气之大，让人刮目相看。彭建红在20世纪60年代去世后，新岭亭开始荒凉。

（13）枣木岭烧茶人

源口村是当地莒苎山吴姓人在明代初期建居，村民吴灶全就在枣木岭的长木苔庵呱呱落地，他父母靠种庵堂田过日子。吴灶全接替父母在枣木岭亭烧茶至1953年，就迁入古坦村居住。曾在通元观从事过大法的黄中庆，20世纪60年代还去枣木岭维修过路亭。

（14）龙池岭烧茶人

龙池岭，亦名黄村岭。腰亭是黄村至王岭下村龙池岭的必经之地，邻近有龙池庵，岭脊有超然亭。黄村人薛旺喜居于龙池庵，在腰亭临窗的地方设瓮烧茶、济茶。在1952年农民没有成为土地的主人之前，黄村人黄应桑、张谷开还在腰亭烧茶。

婺源传统制茶用具之石揉床

(15) 诗春烧茶人

宋代开始建村的诗春,与沱川、大畈、坑头一起被称为婺源"四大名村"。村庄周边有凝秀亭、友芳亭、集和亭、金竹亭、四峰亭、承考亭、步云亭、卦池亭、毓秀亭、祖荫亭等20处茶亭。明清时期,诗春村茶业兴盛,来往收茶的商人很多,村里的兆福堂就是专门为茶商设立的客栈。诗春村口的钟秀桥,相传是清代道光年间村里一位名为施金仙的人建的,桥亭一头倚着天马山,中间连着通往村外的青石板路。桥亭建得颇为考究,木柱、粉墙、格窗,梁托上还有花纹雕饰,二开间中一间为茶室。诗春村烧茶、济茶,是由守和堂的施姓村民轮

诗春钟秀桥茶亭

流负责的。1942年，村民施金来刚刚出生不久，其原本负责烧茶、济茶的父亲施更财就被"抓壮丁"，于是他母亲胡法娟就从家里烧茶然后送到桥亭。亭内置茶壶桶（木桶）、竹筒、瓷杯，以方便过往行人饮用。这样的日子，也只持续了四年就中断了。

诗春村不仅村后有中岭通往古坦，村前的石板路还东通清华，西通甲路。往西，土墙坑岭上的常安寺由诗春、菊径、水岚人共建，香客多，香火旺。在常安寺亭烧茶的"清明佬"，以种三亩茶亭田解决温饱。"清明佬"辞世后，诗春人施茂进、洪福美夫妇就搬到了常安寺亭烧茶。在那个农村从高级农业生产合作社逐步向生产队过渡的年月，常安寺亭便成了生产队的牛栏。

（16）坑头烧茶人

鹅峰山下的坑头村，福建三山人潘逢辰于唐广明元年（880）由徽州歙县黄墩（今属黄山市屯溪区）转居此地。历史上，坑头村以"一门九进士，六部四尚书"名扬四方。村庄沿桃溪两岸依山而建，村内不仅有大小石拱桥30多座，还有7条石岭通向外村。坑头村通往甲路村的和睦岭，通往严田村的严田岭，岭脊上的茶亭1949年前都有人烧茶。和睦岭脊亭内供奉杨令公神像，烧茶人是坑头村潘春豹的祖母（因潘春豹已去世多年，他祖母的名字无从查考），而严田岭脊亭的烧茶人是坑头村的潘启仁（绰号"乞人辣"）。他们有一个共同点，都是以茶亭的田租维系生活。

（17）秋溪烧茶人

秋溪村的初名为秋湖，旧时"秋湖水榭"的景象不知让多少人流连忘返。据说，当年家家门前都设街亭，沿着溪边的水街走，雨天都不用打伞。秋溪处在段莘与秋口驿道上的中间地带,走港头、大汜、石佛可至段莘,往长径、官桥、麻榨走,就到了秋口。秋溪茶亭与紧邻的新桥,是过往行人途中"歇气"(休息)的地方。秋溪村人余爱在茶亭烧了一辈子茶,接过她茶壶的是村里人詹瑞和。当年,詹瑞和还在茶亭卖过清汤(馄饨),以贴补家用。环境使然,让詹瑞和在茶亭烧茶的茶壶冷落在20世纪50年代末。

……

他们,曾经日复一日赶走了山里茶亭长夜的孤独,成了茶亭最后的守望者。在中国的乡村版图上,随着时代的变迁,婺源茶亭的命运和烧茶人的命运,正是中国传统文化兴衰的一个缩影。

源头吟溪亭

小知识◎"五岭"与"徽饶道"

"山水吾州称绝奇，间生杰出当如之。不行天上五岭路，焉识人间二程诗。"诗的作者是宋代诗人方回，他在《寄还程道益道大昆季诗卷》中提到了五岭。方回是歙县（今属安徽）人，所编的《瀛奎律髓》诗集中收录了21首茶诗，并从内容和形式上对这些茶诗进行了评价。诗中的"天上五岭路"是指自古就是进出婺源的五条通道，即如今仍在婺源境内的羊斗岭、塔岭、对镜岭、芙蓉岭，以及如今在安徽休宁县境内的新岭。清代经学家、音韵学家、皖派经学创始人江永（婺源人），还将婺东一带的燕子岭、回头岭、谭公岭、对镜岭、芙蓉岭连成一副饶有趣味的地名对子："燕子回头见洋际，谭公对镜望芙蓉。"

而"徽饶道"即属旧时的"国道"了，始建于唐代，是长江以北通往徽州、饶州等地的客商必经之道，一路均用青石板铺砌而成，途中建有路亭。它自歙县起，经黟县渔亭，休宁漳前，婺源浙源、甲路等地，到达浮梁瑶里，全长蜿蜒100多公里，是徽州和饶州的通道和桥梁。饶州，也是宋代主要生产片茶的地区之一。饶州的茶、徽州的墨等重要商品，都是由"徽饶道"开始疏散到四面八方的。

5　固守的情怀

从浙岭的万善庵茶亭遥望,清康熙年间在江苏做生意的婺源漳村人王启仁,以浙岭为起点,经休宁至常州,一路捐资修建茶亭36座。300多年过去了,如今依然能够在婺源的浙岭看到王启仁一家修建同春亭、继志亭的遗迹。王启仁、王士镜、王文德、王廷享祖孙四代,代代接力,他们热衷公益的事迹,不知道给多少后人带来飞思遐想。

茶商的担当

茶韵缭绕的婺源乡村,是每一个旅外婺源人魂牵梦绕的根。而茶,处处体现着婺源人的精神质地。在他们的生活中,方婆、朱熹的名字出现的频率,远远高出其他人。

如果说,茶是水洗的文化,时间是水洗的表情,那么,婺源茶商却是茶与水在时间里的见证。

"唐宣宗年间,歙州茶叶销往关西和山东,每年的销量'其济于人,百倍于蜀茶'。五代十国时，祁门、歙县、婺源的方茶，销往梁、宋、幽、并诸州，'数千里不绝于路'。"在《徽州古茶事》里，对婺源茶商最早的足迹留下了这样的记述。光绪《婺源乡土志·婺源风俗》记载："物产，茶为大宗……农民依茶为活。"

婺源茶号装茶叶用的茶箱

明清时期，在中国"十大商帮"中，晋商、徽商等是以乡土亲缘为纽带，拥有会馆办事机构和标志性建筑的商业集团。盐商、典当商、茶商、木商，则成了徽商的"四大行业"。婺源商人有的是自主创业，有的子是承父业，多以"木商""茶商"饮誉其中。"无徽不成镇"一直是徽商引以为傲的话题，也是徽商实现梦想之地，而婺源商人是徽商中的一支劲旅，他们不仅为婺源创造了财富，也在创业历程中传播了婺源的文化习俗。据《中国名茶志》记载：在广州，明代中叶就有徽商的足迹；而西欧茶叶需求导入期，徽州茶商就捷足先登地成为中国最早"发洋财"的茶叶商帮。在明清时期，徽州茶商应运而生，成为徽州商帮中的主要商帮，许多婺源茶商一直是徽州茶商中的杰出代表，其足迹遍及中国，乃至海外。

往往，数字的表达有历史的嵌入性。据《婺源县志》（1993年版）记载：民国二十三年（1934），婺源县内开设的茶行、茶号、茶厂有178家，民国三十年（1941）增至243家。而在1936年的上海，"本埠婺籍茶栈有90余处，全体工友3000余人"。实力最强的是洋庄茶栈"源丰润"，一个月就出口茶叶1299箱（据《申报》1936年6月16日报道）。从开设的茶行、茶号、茶厂数量，不难看出婺源茶商队伍之庞大、经营之有道、实力之雄厚。

一代代的婺源茶商,从小生活在文公故里,"读朱子之书,服朱子之教,秉朱子之礼"成了他们的必修课和成人礼。因而,他们"商而兼士,贾而好儒",在经商活动中崇尚并力行儒家的"诚笃""立信"等道德原则,坚持"以诚待人,以信接物,以义取利,以义制利",赢得了"儒商"的赞誉。程承诏"好学不倦,日理茶务夜读书,尤淹贯群史";吕宗洛"随父贾于姑苏,持筹余暇,涉猎群书";薛鸣鸾"嗜书史,善诗赋,卷不释手";董邦直"就商三十余年,喜歌诗,兼工词";汪炳照"沉潜典籍,文章规范,嘉庆辛酉在杭州以商籍试,学宪文拨入钱塘学第一";王云翔"经商闲时,于中西政要诸书,手加丹黄,人有疑问,凿凿指示"……在《婺源县志》中,"商而兼士,贾而好儒"的茶商事迹随手拈来,他们读书、生意两不耽搁,有内心的坚守,有良好的情操,称"儒商"实至名归。

历史上,清华洪村是盛产松萝茶的村庄。松萝茶是当时绿茶中的珍品,古人曾有"松萝香气盖龙井"的评语。明朝冯时可在《茶录》中写道:"徽郡近出松萝茶最为时尚,远迩争市,价倏翔涌。"由于洪村松萝茶色、香、味皆优,因此,当时来洪村收购茶叶的茶客很多。1824年,即道光四年,洪村人在洪氏宗祠——光裕堂门外围墙上刻立了一块高1.5米,宽0.7米的《公议茶规》碑,碑是青石刻的,嵌在墙中,其内容堪称我国古代行业自律诚信经营的典范——既是洪氏宗祠光裕堂宗族性的乡规民约,也是洪村全村性的乡规民约,虽然只有寥寥数语,却反映了婺源茶人对商业底线的坚守。

在纷繁、尖锐甚至无情的商海中,他们的经营理念与价值取向,他们的命运抉择与进退取舍,一个个的人生故事中都烙上了婺源的人文色彩,"诚、信、义、仁"已经构成了他们的品行与特质。追随他

婺源茶楼收银台

们远去的背影,透过时空的讲述,从中不仅可以解读到婺源茶商在不同年代的社会生活现状与文化心理,还能够感受到人性的温暖。

茶叶是清代外贸出口的主要商品之一。婺源毛茶多运销外埠精制出口,称"土庄茶""广东茶";而引进精制技术,自制精茶外销的,则称"路庄茶",后称"洋庄茶"。清乾隆年间(1736~1795),婺源人汪圣仪曾与番商洪任辉交结,借领资本,包运茶叶。清嘉庆年间(1796~1820),徽商在上海创设徽宁会馆思恭堂,婺源巨商胡炳南任董事,下设的多位司事中,有四人就是婺源茶商。清光绪年间(1875~1908)的《通商各关洋贸易总册》记载,在九江"业此项绿茶生意者,系徽州婺源人居多,其茶亦俱由本山所出"。民国二十四年(1935)的《中国经济志》中说:婺源茶工制茶"技术精良,为皖南诸县之最"。

婺源茶号印模

广州、杭州、苏州、福州、武汉、上海、南京、天津、北京……婺源茶商走过的地方遍布大半个中国，婺源人在外地形成了一个庞大的茶商群体。据《婺源县志》记载："邑人族人多业茶于粤中。""俞文诰佐父业茶于粤东，积资百万。""程国远，渔潭人，尝偕友合伙贩茶至粤。""程赐庚，渔潭人，尝在广州贷款千金回婺贩茶。"在广州业茶的官桥茶商朱文炽"童叟无欺"，"职虽为利，非义不可取也"，"宁可失利，不可失义"是他从事茶业20多年的商业信条。"清咸丰、同治间，婺源江湾人江灵裕……尝贾温州，总理茶务。"洪祥鼎"随父业茶于浙"。长径程双元"经商金华，其地多同里人"。梓里王元社"壮贾汉阳，家渐裕，嗣偕堂侄业茶于汉"。晓起汪执中"业茶武昌"。沱口齐宏仁"积累资金，与郎某在汉口合开茶行"。鲍德西"以业茶起家，客江苏二十余年"。大畈汪序昭创办的"陆香森"茶号，绿茶产品"印华洋文合璧双狮国旗商标"，行销欧美各国。"在鸦片战争中，婺源绿茶取道五岭至屯溪，至粤东，时谓之'做广东茶'。彼时海禁既开，业此者无不利市三倍，如我邑荷田人方氏、上溪头程氏、上晓起对河叶氏，皆因作广东茶而致巨富。"（晓起《江氏宗谱》）秋口沙城李村的郑鉴源，靠贩运茶叶起家，他从1922年开始陆续在上海开设"鉴记芬""德记芬""郑德记""郑鉴记"等茶号，以及"源利"茶厂。1947年，他将直接向国外出口茶叶的"上海建中贸易公司"改组为"中国茶叶公司"，手下职工有四五千人之多，被称为"茶叶大王"。在上海滩，郑鉴源有这样的员工阵容，实力实在令人咋舌。

这些人,都因茶走进故事与传说中去了。还有一些久远的茶人、茶事,在时间的道路上散失了。然而,茶始终是他们的一种担当与表达,还有远行中带去的与婺源茶息息相关的风俗。

小知识◎婺源县洪村光裕堂《公议茶规》

合村公议演戏勒石,钉公秤两把,硬钉贰拾两。凡买松萝茶客入村,任客投主入祠较秤,一字平称。货价高低,公品公买,务要前后如一。凡主家买卖,客毋得私情背卖。如有背卖者,查出罚通宵戏一台、银伍两入祠,决不徇情轻贷。倘有强横不遵者,仍要倍罚无异。

洪村《公议茶规》

一、买茶客入村,先看银色,言明开秤,无论好歹,俱要扫收,不能蒂存。

二、茶称时明除净退,并无袋位。

三、茶买齐,先兑银,后发茶行,不得私发。

四、公秤两把,递年交值年乡约收执,卖茶之日交众,如有失落,约要赔出。

道光四年五月初一日　　光裕堂衿耆约保仝立

◎茶号

婺源设茶号制茶，有300年以上的历史，在全国算是早的。

茶号作为当地的业茶机构，通常集收购、加工、运销于一体，是一种季节性很强的制茶场所。茶号的经营场地，既有专门的处所，也有租借其他地方的。茶号内部分工明确，一般设经理、掌号、账房各一人，水客若干人。经营茶号分独自经营和合股经营两种类型。

历史上，茶号是婺源茶业乃至徽州茶业的发源地。茶行、茶栈、茶庄，都是在茶号的基础上发展起来的。

茶商的善行

"不义而富且贵，于我如浮云。"（孔子语）"先义而后利者荣，先利而后义者辱。"（荀子语）"茶取养生，衣取蔽体，食取充饥，居止取足以障风雨，从不奢侈铺张。"（朱子语）对于"商而兼士，贾而好儒"的婺源茶商，先贤的话，无疑是一面镜子。

雁过留声，人过留名。婺源茶人在历史上留下了许多善行的踪迹。

相传，咸丰年间，嵩峡村茶商齐彦钱采购了一批茶叶到上海去销售，不想被行主欠茶款多达5000多两银子，有家不能回。齐彦钱急得团团转，又担心家乡的老母为他焦虑，气急攻心，竟当场昏倒在茶行。上海茶行的老板吓坏了，赶忙抢救，并立即兑付了500两银子。齐彦钱拿到银子后,正准备回婺源,碰巧遇到同乡的几位茶商也因为茶行拖欠货款无钱回家,既窘迫又着急。同是天涯沦落人,齐彦钱想都没想,立即将500两银子与他们平分,帮助他们一起回家。

中国铁路之父——詹天佑的曾祖父詹万榜,"世居婺源庐源"(今浙源庐坑),18世纪初下广东做茶叶生意。后来,詹万榜的儿子詹世鸾"为佐父理旧业"也于"壬午年(1762)贾于粤",远走广东继续经销茶叶。詹世鸾贩卖茶叶发财后,把全家从庐源迁到了广州,过起了城里人的生活。有一年,关外失火,不少同乡遭灾,连回家的盘缠都没有。詹世鸾看到大伙一筹莫展,慷慨拿出"不下万金"予以资助。

"人品即茶品,品茶如品人。"在清代,婺源石岭村有一位名叫程焕铨的茶商,与兄弟合伙贩茶,一次,亏损了许多。广东番禺有位叫张鉴的商人,委托程焕铨雇船运两万斤食盐到海南去。不幸的是,船刚靠近海南,张鉴死了,盐没人接收。一同前往的兄弟见找不到货主,又没订合约,就提出把盐卖了,一来用于付运费,二来也可以弥补贩茶的巨额亏损,但没想到被程焕铨严词拒绝了。后来,程焕铨辗转找到张鉴的儿子,把两万斤食盐一两不少地交给了他。

浙源凤山的查允滋在上海经营茶业,"新茶过后,交易契约上必标'陈茶',以示不欺"。他办钱庄,某人"存在银数百两,后暴卒"。他多方打听,终于找到存银人后裔,"连本带利,一并奉还"。

他们付出的是真金白银,得到的却似乎与金钱无关。

在婺源茶商的故事中,让人们感受到了婺源茶商的"仁道德行"。沱川茶商余锡升在湖北经销茶叶,有一年遇到当地发生水灾,到处都是难民,他义无反顾,大力赈灾,捐款数额达数千金。当地人十分感激余锡升,自发为他送上了"积善余庆"的匾额。渔潭茶商程锡庚,在广东贷了一笔巨款回婺源贩茶。在返乡途中,恰遇江西发生百年

婺源茶号使用的杆秤

一遇的灾荒,老百姓流离失所。程锡庚看到此情景,竟把贷来的钱一路施舍给了灾民。当他走到饶州的时候,身上已所剩无几。但当程锡庚又遇见一个卖妻抵债的灾民时,他竟把剩余的钱全部给了卖妻者还债。

人心体悟与人性润泽的过程,是一种生活品格的提升,还有精神的洗礼。茶商程树梅"与人交易,一诺千金,从无契约。业茶三十余年,人争附股,账册明晰,丝毫不苟";"茶商俞文浩,因咸(丰)同(治)间米价昂贵,出谷平粜,村人感之";茶商潘鸣铎在上海看见"方某运茶,不得售,欲投申江自尽。照市高价,囤其茶遣归。后寄番(洋商)售,余息银五百两,分文不取仍与方某"。……婺源茶商"以诚待人,以义为利,仁心为质"的事迹,在地方志和民间谱牒中屡见不鲜。同时,婺源茶商还凭借贩卖茶叶获得的积蓄,在献田办学、捐建桥路等公益事业上做出了贡献:在汉口经营茶行的齐宏仁"遇善举,无不勇为。如修宗谱,建桥梁,葺道路,立保安会、中国红十字会汉口慈善会,咸输重金";赵之俊业茶起家后"输千金筑书斋、置学田,以培人才";茶商潘开祥,为"振兴合族文社,首捐租六百秤,课文资给";茶商程泰仁,"初随乔川朱日轩贩茶至粤,咸丰间业茶上海,独捐巨资修'广福寺'"；等等。

思口漳村的王礼和，青年时只是一个茶号的帮工。他有心于经营，后来先后创办了茶号与"吉和隆"茶厂，生意做得风生水起。民国二十七年（1938），王礼和70岁大寿，亲朋好友都送了寿礼。但他坚持不做寿，将原本做寿的钱用来修筑枧田岭方便过往行人。

然而，婺源茶商生意也不是一帆风顺的，在1927年的2月，当时正值北伐战争，茶商水旱两路都受影响，因此"市面滞阻"，业茶者"运售无路"，只能"不顾血本，随盘顺脱"了。上年的茶叶还未销去，新茶即将上市，路上硝烟又起，面对如此"内忧外患"的境况，婺北清华镇的茶商会馆不但没有扯皮推诿，而且勇于担当，发布《通告》出面协调有关事宜。对于茶号和茶农而言，这时急需商会组织的力量。

与清华镇毗连的和平乡（今大鄣山乡）的业茶者，就没有这样幸运。由于日本的侵华战争，他们遇到了更大的打击。出生于1926年的洪群超留下了这样的口述实录：父亲租村里（车田村）洪家祠堂——大训堂做茶厂（茶号），茶叶运到上海出口。抗战爆发后，他家有一船茶叶在长江被日军炸沉。炮弹之下，连灰烬也未曾留下。那场战争，给他带来的是一辈子的噩梦……

在不同的历史时期，婺源茶商都有精彩的故事，他们在匆忙的步履中，有的被繁华所遮蔽，有的被时光所遮蔽，但却经受住了时间大浪的淘洗。

"人品即茶品，品茶如品人。"这是人们对婺源茶商最好的概括与评价。是他们用自己的行动，颠覆了人们意识中"无商不奸"的偏见。面对这样的信息，人们确信，茶确实可以给人以能量。

当所有的繁华成为过往，生命与时光一如缕缕的烟尘，飘逝而去。然而，在婺源的茶史上，历史将以庄重的笔调一一记下他们的名字。

小知识◎《婺源茶事通告》

启者,茶叶一事,山客素向山户收来,成堆运脱,回归开支,每每如此。今年北战轰轰,庄客运售无路,市面因而滞阻。山客闻之更惊惶,诚恐毛茶日久定要受伤,只得不顾血本,随盘顺脱,每百斤约计亏去四五十元多。山客即或破产,开支多有不敷,无怪不敢言归。近日山客自寻短见者耳边几闻,似此情形,将山户如何了局,敝会特别代山客山户原情,办法山户照八折开支,其有不敷者,山客应当破产抵数,不能故意拖延。如起狼贪之见,准山户联名邮报敝会,查以代为力究,决不容宽。

是为启。

茶商会馆公启

二 约定俗成
——生活的信仰

先人远去。乡村还是那些乡村,人已不再是那些人,但乡村依旧留存着旧日的风俗。婺源乡村,以及乡村里的人,因茶而多了一分平和与安详。

1 洗三朝

茶对人生的启示意义,从一个人呱呱落地开始。旧时外婆端喜报信,用茶壶表示生男,用酒壶则表示生女。当然,也有在壶盖、壶嘴上衬着红绿纸做记号来表示生男生女的。

按婺源风俗,婴儿离开母体的第三天,要洗三朝。洗三朝,也叫"做三朝",即请"接生婆"选用陈茶或者艾叶、紫苏、菖蒲煮水为婴儿洗浴,并在煮好的洗澡水中放上铜钱、秤砣等物。这个时候,陈茶煮水洗浴,仿佛是让婴儿沐浴祛毒强身的"护身符"。据说,茶水洗头后,小孩长大的头皮是青色的,也不会生头皮屑。而洗澡水中放铜钱、秤砣等物,寓意小孩"命重值钱"。

在洗浴的过程中,一边用煮熟染红的鸡子(鸡蛋)搓滚婴儿的全身,一边念着"滚滚头,有人求;滚滚手,样样有;滚滚腰,步步高……"的祝语。殷实的人家,婴儿的至亲长辈此时要送上"百岁钱"(红纸包),主人则向亲戚和邻居散发馍粿、茶叶蛋、糕点、果品;而拮据的人家呢,则炒些南瓜子、花生等分给亲朋好友,以示"庆生"。洗完三朝,给婴儿穿衣服前必须用红头绳在手臂上缚一圈,直到百日后才能解开,民间称这一风俗为"缚手",意思是让孩子从小安分守己,手脚干净。

洗三朝当天,还要请"先生"(知书达理的长者)给婴儿起名(若是男孩,必须按照宗族行第起名,以便入祠添丁),并将名字、生辰八字与"易长易育,麻豆稀疏,成人变豹,福有攸归"的吉言,用红纸抄写张贴在堂前的照壁上,男左女右,一目了然。然后,主人请"接生婆"与"先生"喝茶,吃鸡子点心。条件好的家庭,还要摆酒席。相传,朱熹洗三朝时,父亲朱松还即兴赋诗:"行年已合识头颅,旧学屠龙意转疏。有子添丁助征戍,肯令辛苦更冠儒。举子三朝寿一壶,百年歌好笑掀须。厌兵已识天公意,不忍回头更指渠。"(《洗儿》)朱熹的人生之路虽没有按照父亲诗中设定的路线去走,但最终却成了一代大儒。

茶在洗三朝时的功用是祛毒健身。婴儿满月后,要请"先生"与"接生婆"喝满月茶、满月酒;遇上周岁、十岁,这样的礼俗更是不能少了……从此,婴儿的一生,就充满了茶的古老气息。

◎ "小把戏"(小孩)禁忌

婺源乡村有"小把戏"的人家,过年时大多会用红纸写上"童言无忌""姜太公在此百无禁忌""孩童之言,百无禁忌"贴在家里,这样就可以免除"小把戏"因为漏嘴而带来的不吉利。大人背婴幼儿走亲戚,不仅要用红腰带背,在婴幼儿额头抹锅炭煤(锅灰),而且还要在腰间插本黄历(历书)。"小把戏"受到人为惊吓,要剪对方手指甲煎水喝。若是受到畜生惊吓,则要剪毛垫脚板。如遇"小把戏"自己摔倒了,还要在地上和"小把戏"身上拍几下,连说"小呀小,细呀细,不吓!不吓!""跌一跌,长一节"等。

2　客来敬茶

一杯茶，泡着婺源人家生活的本质与常态。

每每对婺源人家一杯茶的回味是以这样的场景开始的：寻常人家堂前，八仙桌、太师椅、长条凳都是木质的物件。"香椅桌"（条桌）上的摆设，东边必是瓷器的花瓶，而西面却是木架插镜，俗称"东瓶（谐音'平'）西镜（谐音'静'）"，寓意生活"平平静静"。而摆在花瓶与镜子之间的时钟呢，以钟摆的左右晃动来读秒。"开门七件事，柴米油盐酱醋茶。"虽然俗语中是这样的排序，但婺源人家在实际生活中是把茶放在第一位的。清早起来，第一件事离不开烧水泡茶。烧水的器具大多为铜壶，即便用大锅，那也是专门用来烧水的，因为泡茶最怕水有异味。水烧开后，还要用开水洗涤茶壶、茶杯，然后才开始泡茶。

婺源人家讲究长幼有序，有长辈在家，晚辈就要给长辈泡茶、端茶了。一杯茶，表示崇敬的心情与孝敬的心意。生活中，还时兴"送茶"敬尊长。比如长辈做寿，晚辈送茶，就叫寿茶。即便给老人送其他寿诞礼品时，也要在礼品红纸上放一撮茶叶，寓意多福多寿。这样的家风，离不开长辈的教诲与言传身教。

在婺源人家,"和敬礼让,以礼相待"的传统习俗已经深入人心。宾客临门,先请客人入座,再双手奉上一杯茶,一句谦逊的"喝杯清茶",抑或"请用茶",既表示了对宾客的尊敬,又表示了"以茶会友"、谈情叙谊的至诚心情。俗语说:"七分茶,八分酒。"给宾客泡茶注水都不能斟满,斟满了有骄傲自满和对客人不敬之嫌。同样,客人接茶时,也要用双手接,并且欠身起座表示谢意。

贵客来访,或者"四时八节",在婺源人家还能够感受"茶果待客"的境遇。婺源人"茶果待客"的"果",一般是指传统意义上的茶点,俗称"粿子"。粿子一般是农家家里做的,比如馍粿脆、苞芦松、糯米糖、炒米片、番薯棍、盐水豆、南瓜子等,时节不同,粿子也有变化,变来变去,原料都离不开自己种的,地上长的。粿子佐茶,边喝边聊,一道茶后,主人添水复斟。如果贵客是第一次登门,一道茶后,主人还要用白糖子鳖(白糖水蛋)款待。客人告辞时,按照婺源人家的待客之道要稍作挽留,表示主人的热情与客气,并要把客人送到门口。"慢走""有空来嬉",是婺源人送客人时的常用语。客人告辞后,主人才可以清理洗涤茶具。

茶具:紫砂壶与盖碗

婺源人家待客的茶具颇为讲究,茶壶有铜壶、铁壶、瓷壶,杯子除了茶杯、茶盅,还有盖碗、汤瓯等。不经意间,说不定手里端着的就是老祖宗传下来的稀罕器物。

小知识◎坐席规矩

"坐不争上,食不争多,行不争先",是婺源人的礼节。

婺源人出席酒宴,对上下座位是有讲究的,虽然在入座前宾主与客人之间都要相互谦让,但长幼、亲疏、内外坐席都是有规矩的:上大下小,左大右小。一入座,宾主与客人之间,长幼亲疏一目了然。不用介绍,该先敬谁的茶,该先敬谁的酒,自然也就分明了。给客人端茶端酒,都要双手奉上。

◎四时八节

传统意义上,"四时"是指春、夏、秋、冬,"八节"是指立春、春分、立夏、夏至、立秋、秋分、立冬、冬至。婺源的"四时"与之契合,但其"八节"是指流传于民间的八个传统的重大节日,即春节、元宵节、清明节、端午节、中元节、中秋节、重阳节、除夕。

婺源的时节风俗是以民俗信仰为基础,除了特殊日期的节日,一般始于生产、生活习俗。在长期的发展传承中,形成了独特的四时八节文化习俗。

3　祭茶神

陆羽不是第一个发现茶的人，但他第一个用文字揭开了茶的神秘面纱。"大茶之著书，自羽始。其用于世，亦自羽始。羽诚有功于茶者也！"（宋·陈师道《茶经序》）是民间的感恩与膜拜把陆羽推上了圣殿。不知道从什么年月开始，陆羽实现了从人到神的华丽转身，并走向神龛，成了离婺源茶商最近的神。"百工技艺，各祀其祖，三百六十行，无祖不定。"婺源人开创的茶号、茶栈、茶店，甚至济茶烧茶的茶馆、茶亭，都像工匠业供奉鲁班、纺织业供奉黄道婆一样，一律将陆羽作为茶神供奉。有的婺源茶商，还专门请画师画陆羽像挂在茶号醒目的位置。他们记得是茶给了自己最初的温饱，他们记得是茶给了家人与好友早先的聚集，他们记得自己是怎样从乡村走上业茶之路……在焚香与祈福中，他们没理由不把心里话对茶神和盘托出。

在旧时，茶号收茶，先要打毛火（把毛茶烘至七八成干），依次进行摊茶、过筛、过车、拣风簸，再打官堆（打堆）。打官堆前，先要祭茶神，祭祀时不仅用三牲供奉，还要在大茶堆内抽取一些茶样供奉神前。掌号、账房、茶师、茶工，都要一一拜祭。为图吉利，妇女必须回避。

祭毕，茶号的茶叶就开始装箱待运了。起运前，先派"水客"（走水路送茶样的茶客）送样。茶栈在交货地点不仅有接茶仪式，还要设宴款待"水客"。

从经营茶号的那天开始，茶号的主人与茶神的关系就这样确立了下来。

小知识◎三牲

三牲，即猪、牛、羊三种祭祀用的动物。三牲品种俱全、整身显现的称为"大牢"（亦称"太牢"），用于大祀；三牲缺牛的，则称为"少牢"，用于中祀、小祀。而这样的祭祀用的祭品，都不是寻常人家能够达到的。在旧时，婺源人家开始用猪头、鸡和鱼替代三牲，还有的用碗盘盛上家中最好的菜肴，以表示对神的虔敬。这些，都充分显示了婺源民间的智慧和婺源人勤俭持家的传统。

婺源民间茶具

二　约定俗成

4 寄身的门道

徽派建筑，从某种层面上说是属于有钱人的建筑。没有资本，能够做得起石制门楼、飞檐戗角，还有精雕细刻的大屋吗？

进入清代以后，婺源茶商声名鹊起，他们在发家致富后，纷纷在老家大兴土木，造房子、买田地、建祠堂，在光宗耀祖的同时，精心营造寄身的空间，以祈求平安发达。茶商兴建宅第，讲究风水，藏着许许多多隐秘的门道。房屋的风水，布局的神秘，马头墙的高调，无不透出婺源茶商内心的安闲富足，以及找到的归属感。

日转星移，婺源茶商怎么也不会想到，自己营造的安身立命之所，不仅留给了后世，还吸引了后人探寻的目光。在鳞次栉比的商宅中，在飞檐、戗角、鳞瓦、天井、石础、堂前、雀替、窗棂等这些词语里，人们找到了婺源茶商的文化根基。

婺源茶商故居

耕牛犁基

所谓耕牛犁基,就是婺源茶商在开始做屋基时,生怕屋基地下有久远的墓地,就请风水先生牵着耕牛在屋基地上空犁一圈,以免民间传说中"鬼魂"的骚扰。耕牛犁基前,还要在屋基地上撒些铜钱,似乎有"有偿使用"的意思。

大门不朝南

"坐北朝南"的房屋,具有光线充足、冬暖夏凉的特点,因此婺源房屋多为坐北朝南的。然而,婺源茶商兴建的宅第,大门很少朝南

二 约定俗成 | 55

开，即便受到地基的限制，不得不向南开时，都要想方设法偏离朝向。缘由是受"五行"观念的影响。因为"商属金，南方属火，而火克金"，就有了"商家门朝南不利"的说法，所以，婺源茶商的宅第大门很少有朝南开的。

四水归堂

婺源茶商宅第的基本单元是以横长方形的天井为核心，完全敞开，成为一个露天的院落。天井的设置，从功能上看是重视房屋的防晒、通风和排水，而实际上是融入了风水学中"四水归堂"的理念。天井四周有排屋檐水的笕，天井有"铜钱眼"的排水孔，宅第的雨水可以全部归入天井中。民间所说的"肥水不流外人田"，就是这个寓意吧。

婺源茶商的宅第，有天井、堂前、厢房。而天井的四周，也就是楼堂前周围，还建有"美人靠"，等于给养在深闺的"千金小姐"开了一个"窗口"。

镇宅缸

婺源茶商的宅第，除了堂前、庭院，一般还有后天井。在后天井摆着的水缸，民间称作"镇宅缸"。镇宅缸有麻石凿的，也有陶瓷烧制的。镇宅缸摆在后天井，接的是天上落的雨水。奇妙的是，镇宅缸长年盛着的雨水，一年四季都不腐。有的人家在缸里还养几条小鱼，增加了宅第的生气。婺源人把落到天井里的雨水，称"天落水"。有了"天落水"，就有了"天降洪福"。

如果剔除了寓意上的美好，回到镇宅缸的最初功用，应是防火。

照壁

若是婺源茶商的宅第大门朝北的，正对着大门的位置就会竖（建）一块照壁。在旧时，茶商宅第的照壁，是受风水意识影响而产生的一种建筑形式，具有避邪、挡风、遮蔽视线等作用，亦称"屏风墙"。"俗益向文雅。"婺源茶商宅第上多有"三雕"（木雕、砖雕、石雕），其展现的民间传说、戏文故事、花鸟瑞兽、渔樵耕读、明暗八仙等雕饰，透出他们一种精神文化上的追求。为了与宅第主建筑的整体风格保持一致，婺源茶商宅第的照壁不仅是简单的一道墙，它上面画有"福禄寿"图案，还有飞檐、戗角、砖雕等装饰。俗话说，院内需隐，院外需避。婺源茶商宅第的照壁，无疑还起到了隐避的效果。

东北方向不设门开窗

《吴越春秋·勾践归国外传》记载："西北立龙飞翼之楼，以象天门，东南伏漏石窦，以象地户……"民间讲风水，认为东北方向多"鬼气""煞气"，称"东北为鬼门"。婺源茶商一向讲究风水，他们兴建的宅第，东北方向从来不设门开窗，都是用一方完整的马头墙来遮挡"鬼气""煞气"。

泰山石敢当

婺源茶商宅第对着道路的墙壁，都镶嵌着一块刻有"泰山石敢当"的青石。据说，婺源茶商信奉"泰山石敢当"，是一种对灵石的崇拜。

民间刻"泰山石敢当"的日子，必须选在冬至后带"龙"或者"虎"的时日。每年的"三十夜"（除夕），屋主还要用"块头肉"（生猪肉）去祭祀。他们认为，宅第嵌有山石，就可以避凶趋吉。

小知识◎起屏（竖柱）、上梁

起屏（竖柱）、上梁，是婺源人家竖（建）屋的两件大事。有钱的婺源茶商，则更为重视，起屏（竖柱）、上梁必选黄道吉日进行。

起屏（竖柱），即把木柱立在石础上，木柱上再架以梁、枋、斗拱、桁条、椽子，组成承托屋盖的屋架。而上梁即"架正梁"，有赞梁、祭梁、上梁等程序。

正梁，是"屋神"的象征。架梁前，亲友、邻里都要携礼物前往祝贺。正梁需经木匠精心制作：两头分别写上"文东""武西"字样，寓意主人发家有日；正中画着太极图，借之"驱邪""镇煞"；两头的内外侧，雕有月形花纹，称为"开梁"；之后，还要在梁上披一块大红布，插上两束金花。接下来进入"赞梁"，首先是焚香燃烛，等主人对正梁行过跪拜大礼，木匠师傅就开始赞梁，木匠师傅每讲（唱）一句好话（赞词），众人都要和一声。开祭时，先祭天地，然后杀鸡洒鸡血，鸣炮上梁。整个上梁的过程，木匠师傅好话（赞词）不断。

上梁仪式完毕，木匠师傅便向主人道喜，主人则立即送上"红包"，并且所有供品都赠予他。这一天，木匠师傅不仅拿双份工钱,酒席上还必须坐"上门头"(首席)。如果上梁之日遇到落雨,是大吉兆,俗称"屋宇要雨",主人会喜上加喜。

5　木商箨夫温水泡茶

婺源民间有句俗话:"温水泡茶,慢慢来。"然而,这句俗话却在木商箨夫那里得到了印证。婺源的木商箨夫,他们受茶文化的熏陶,在一杯茶里找到了心灵的慰藉。

木商箨夫走水路,忌讳一个"沉"字,这就让温水在泡茶时派上了用场。因为,只有温水泡出的茶,茶叶才会浮在水面。

在中国的版图上,联结皖、浙、赣边地的婺源,唐开元二十八年(740)建县,县域面积2947平方公里,唐宋以来,已成为名冠天下的绿茶产地,素有"茶乡"之称。婺源不仅出产绿茶、砚石,还盛产木材。历史上,徽商的"四大行业"是盐商、典当商、茶商、木商,而茶叶、木材贸易,是徽商经营的传统项目,婺源却以"茶商""木商"在徽商中竖起了一个个标杆。

婺源向东可经新安江、钱塘江直达杭州;向西南可通过饶河(乐安江为饶河南支,婺源为其源头)进入鄱阳湖,经鄱阳湖进入长江,进而可远抵南京等地。从宋代婺源木商放箨贩木的那天开始,"水客"们随着家乡的河流,就把自己的命运托付给了陌生的远方。到了明代,婺源木商更是数不胜数,西冲俞氏、江湾江氏、庐坑詹氏、坑头潘氏,还有漳村王氏等,都是世代经营木业的大家族。

翻开婺源商人在上海从事经营活动的历史,可上溯至清代乾隆初年。婺源人胡执卿、杨锦春、胡靖畔靠经营杉木发家,纵横十里洋场,并成为上海木业的巨擘。从他们开始,婺源的杉木垄断着上海的市场。在沅水之滨的湖南德山,"婺邑木商往来必经其地,簰夫不下数千人"……然而,从伐木的山里开始,木商簰夫都是通过溪流放簰,再入河入江。不可避免的是,水路上会遭遇许多急流险滩。往往,在梅雨季节河水暴涨的时候,木商簰夫便利用水力运货出山,"以其赀寄一线于洪涛巨浪中"。因此,木商簰夫在正式开簰前,都要祭水神,以祈求平平安安。

泡什么茶,怎样泡,都是次要的。关键是,温水泡茶,寓意一路漂浮,入水不沉。从一杯茶的温度,木商簰夫能够得到解惑与心安,山重水复也成为通途。在他们心中,一杯茶的寓意,就有了一路的回味。

小知识◎山客与水客

> 据《婺源县志》记载:"古徽州辖歙、黟、休宁、祁门、绩溪、婺源六邑,木商以婺源为著,休宁次之,祁门、歙县等又次之。"
>
> 婺源木商的整个经营活动,包括了采伐、运输、销售等各个环节。在婺源人的口语中,把从山场采伐运送到河边的商人叫"山客",而从水上贩运木材去异地销售的则叫"水客"。

6 茶礼

男婚女嫁是人生的大事，历来被民间所重视。在婺源乡村，传统风俗浓郁，男婚女嫁的过程都离不开"三茶六礼"。

一旦"下茶"（下定），确立了恋爱关系，姑娘就开始采摘茶叶制作"茶花"（墨菊）了。在婺源乡村，每个姑娘出嫁之前，都必须用红丝线和最好的茶叶捆扎一朵朵"茶花"。"定茶"（结婚）送妆奁时，在新娘给新郎家做的一套鞋中放入鞋样，鞋样是用红纸剪成的，鞋样上还要放一撮茶叶，寓意"茶不移本，植必子生""茶叶年年发新枝，采（踩）不尽芽还发"。迎娶之日，花轿到女方家后，媒人、吹鼓手（民间乐手）要稍作歇息和吃茶点，到了吉时，吹鼓手随即吹奏催请新娘上轿。接着，侍娘走到轿前，把米和茶叶撒向轿顶，意为驱逐邪祟。有的乡村，姑娘出嫁时在轿边要挂红布袋，袋中装有茶叶、板栗、红豆、枣子。显然，板栗、红豆、枣子有着吉利和早生贵子的寓意，而茶叶呢，作为圣洁之物，应是避邪之用。"合茶"（入洞房）前，还要吃"三道茶"（即第一道为百果，第二道为花生、莲子、枣子，第三道为茶），寓意早生贵子。

民间俗语说："'三朝'识认大小。"婚后的第三天，称为"三朝"。"三朝"那天清早，新娘起床第一件事就是烧水泡"茶花"，一敬公婆表示孝心，二敬亲戚表示认亲；而亲友们则会细细观赏"茶花"的形态，品味"茶花"的汤色与清香，品评新娘的手艺。民间也称喝"新娘茶"。敬完茶后，新郎、新娘还要到祖坟去焚香、烧纸祭拜，俗称"上喜坟"。"三朝"吃完"朝饭"（早餐），婆婆还要开箱祝福，一边说"金满箱，银满箱，青枝发叶，子孙满堂"，一边让亲友看新娘从娘家带来的妆奁。新娘则将放入茶叶的一套鞋及其他物品一一赠予公公婆婆。当天，由新娘的兄弟出面，接一对新人"回门"，亦称"请女婿"，酒席上陪同的是三亲六眷。"回门"之日，女婿、女儿是不允许在娘家住的，因为婺源有新婚之人一个月内不能"空房"的习俗。

在婺源乡村，民间还有请"新郎茶"的习俗：新婚后，老丈人家（岳

婺源茶俗：新娘敬茶

父家)的亲戚朋友和邻里,都要在来年农历正月"接新客"(接新郎官)。"接新客"这天,主家要将珍藏好的上年好茶每人沏上一杯,边喝茶、边叙谈、边吃糕点,待茶过三巡,才酒菜上桌。按当地风俗,让新郎官喝醉了主人才有面子,所以主人一般都要请酒量大的客人作陪。然而,新娘怕丈夫贪杯,往往伺机将浓茶递给丈夫,以解酒防醉。

婺源乡村"茶礼"花样多,有的地方虽然叫法不一,但形式大体相同。

小知识◎三茶六礼

三茶六礼,是婺源民间婚姻嫁娶过程中的一种习俗礼仪。三茶,即订婚时的"下茶"、结婚时的"定茶"和入洞房时的"合茶"。六礼,指由求婚至完婚的整个结婚过程,即婚姻据以成立的纳采、问名、纳吉、纳征、请期、亲迎等六种仪式。

7 和事茶

俗话说,十个手指头伸出来,不会一样齐。人,也是如此。

有的人心直口快,口无遮拦,讲话有刹不住的时候,甚至得罪了人也不知道;有的人由于鸡毛蒜皮的事发生了口角,甚至结了怨。俗话说,一个巴掌拍不响。当一方意识到了错误又不好意思启口,这时,他往往请亲朋好友出面,约另一方在一起喝茶。于是,茶充当了"媒介",端一杯茶,道个歉,赔个不是,退一步海阔天空,一切不愉快都会烟消云散。

清华的"胡德隆"茶号创办于清代道光二十年(1840),在地方上做得有些名气。有一年,胡德隆与元兴茶号的胡开礼两家都同在一个吉日娶亲。胡德隆与胡开礼都是清华街上的,两家同宗同祠堂。巧的是,胡德隆家去祠堂拜祖,胡开礼家已经把祭品供在祠堂了。胡德隆看胡开礼家还没有人来,就把他家的祭品撤了下来,摆上自己家的祭品拜了祖宗。胡开礼赶来,见此情景,觉得丢了面子,就与胡德隆扭打了起来,闹得不可开交。事后,胡开礼自省做得过火了,请族里人出面,约胡德隆喝茶。胡开礼主动敬上一杯茶,两人化干戈为玉帛。

在日常生活中，敬茶道歉只是给了自己一个下台阶的机会，做人还是要讲将心比心。邻里之间，是人与人相处的一个基本单位。在这样的单位里，能够共同坐在一个院落里喝茶，就是最好的沟通。

时间与心灵，都会随着一杯茶沉淀。和事茶，应是婺源人亲和礼让的一种体现吧。

小知识◎点茶与煎茶

点茶与煎茶，原本是指茶的烹饮方法，而在婺源民间却成了"点药"与"煎药"的代词。婺源人去药店点中药，不直接说"点药"，而是说"点茶"；见人煎药时，也说是"煎茶"。这是讨吉利的说法。

按照婺源民间的习俗，药煎好后就把喝完的药渣倒在路口显眼的地方，一是期望开药方的医生能够看到，看看药店点的药是否有误；二是希望过往的路人能够把病赶走，让患者尽快恢复健康。

8　以茶入馔

茶是泡来"喝"的,往雅一点说是"品"的。然而,婺源人家茶入菜肴——可以用来"吃",且传入茶楼酒店做成了茶宴款待宾客。

古语说:"食饮同源。""淹留膳茶粥,共我饭蕨薇。"在唐代诗人储光羲的《吃茗粥作》中,就有关于用茶煮饭的记述。其实,以茶入食,在唐宋时已经成为风尚,文人学士相聚于茶宴茶会,赋诗作画。《茶事拾遗》就有"钱起,字仲文,与赵莒为茶宴,又尝过长孙宅与朗上人作茶会"的记载。书中所记的钱起,便是中唐的才子,他写过许多有关茶宴茶会的诗。"小园茶树数千章,走寄萌芽初得尝。虽无山顶烟岚润,亦有灵源一派香。"(《夜得岳后庵僧家园新茶甚不多辄分数碗奉伯承》)此是朱熹在茶宴席间所作的咏茶诗。其实,在唐代,茶称得上是一种奢侈品,只有上流人士在饮用。茶真正进入百姓人家,是在宋代末年。后来,随着茶的商业化,茶叶进入了"茶食"与菜肴。用茶和面或和米粉做饼,以作充饥。而茶入菜肴,不仅能够保持茶叶的清香和对人体的保健作用,且入鱼而鱼不腥,入肉而肉不腻,增加了菜肴的鲜嫩与爽口。唐代顾况在《茶赋》中说的茶"滋饭蔬之精素,攻肉食之膻腻",也就是这个道理。

"无蔬不可糊,无荤不可蒸",形成了婺源菜的独特风味。婺源菜,以糊与蒸为主,虽然源自农家的家常菜,却花样翻新,讲究菜肴的丰富性,让人在身心体验原汁原味的同时,不知不觉地获得了食物的益身与养生。

茶菜做起来不算复杂,但茶芽与茶汁的分量多少有一定的讲究。虽然要把茶菜做出真的味道不是一件易事,但把茶叶入菜,使菜肴可口与香美,却不是难事。如果要用茶芽入菜,就先用温水洗茶芽,以作备用;若是用茶汁入菜的,要先用开水泡茶,然后滤去茶叶,留下茶汁以备用。关键是蒸、炒、炖、炸等烹制方法的选择,大小火的控制,以及汤色清淡与浓稠的掌握。像"农家乐"之类的蒸菜,一般选用的是马兰、蕨菜或马齿苋,加少许茶芽、火腿末或腊肉丝,拌以米粉,底层垫上米饭,入锅大火蒸上十分钟左右,即可口齿留香;用山菇、茶芽、排骨小火煲出的茶菇汤,则清淡鲜美……

婺源的有心人将茶入菜肴的方式进行了梳理命名,将新鲜茶叶与菜肴一起炒制的,称为"茶菜";在茶汤里加入菜肴一起炖或焖的,称为"茶汤";将茶叶磨成粉,撒入菜肴或制成点心的,称为"茶粉";而用茶叶的香气熏制的肉类,是为"熏肉"了。

"鲜茶香""南方茗参""中华茶鱼""仙枝腰花""丫玉笋""蕨茶蒸肉""茶骨""香茗汤"等,清香、鲜爽,都是婺源茶宴上不可或缺的菜肴。以茶入馔,为婺源餐桌上增添了一道道独具地方特色的美味佳肴。

小知识◎一日三茶

在婺源茶俗中，一日三茶的"三茶"与三茶六礼的"三茶"有着根本的区别。婺源人家一天之中就有"朝茶""午茶""夜茶"之说。"朝可不食，不可不饮。"早晨起来洗漱完毕，泡一杯绿茶，细品慢饮，让清新的空气与绿茶的清香沁入心脾。午饭之后，饮浓茶一杯，消食健胃。喝午茶与朝茶不同，讲究的是浓。夜幕降临，在庭院中饮一杯香茗，一天劳作的疲倦也就烟消云散了，生活因此多了些许惬意。

此外，婺源还有一年三茶的说法，指的是采摘"头茶"（春茶）、"紫茶"（夏茶）、秋茶。

9　以茶为祭

人的一生，手攥得再紧，也有撒手的时候。人，终归于草木。这时，茶陪着人的身体，进入最后安眠的地方。

自古以来，婺源与其他茶区一样，"无茶不在丧"的观念在祭祀礼仪中根深蒂固。在婺源的民间习俗中，"茶"与丧祭的关系十分密切，几乎贯穿了全过程：长辈辞世，送终的儿孙要看准时辰，为刚落气的逝者放入"口含钱"和"甘露叶"。"口含钱"，即用金子或者铜特制的钱；而"甘露叶"呢，则是茶叶做成的"菱"。这就是俗语"手中自有甘露叶，口渴还有水红菱"的出处。相传，逝者有了这些，就可以不喝"孟婆汤"，当然也就不会忘记祖宗了。民间还有一种说法，有了"口含钱"，转世投胎有人叫。报讣的时候，报讣者不管天晴落雨，都拿一把伞进门，伞尖朝下倚着八仙桌的桌脚，自己则一声不响地坐在上门头。这样的举动，俨如婺源民间报讣的暗号，主人一看便心领神会，泡上两杯茶，左边的敬献逝者，右边的才是给报讣者喝的。只有喝了一口主人泡的茶后，报讣者方能说出逝者的身份。遇到丧事，亲戚朋友都会主动去帮忙，从某种层面凸显家族的团结与邻里的和睦。

同一个村庄的人,也有忙得不可开交的时候,因为有时候两个或者三个老人像约好了似的,一起"走"了。

入殓时,棺材内不仅要放"五谷包"(缝制的布袋内,分别装有稻、黍、稷、麦、菽),还要放"茶叶包"。五谷是一种象征,作为随葬物品不难理解;而茶叶随葬,据说是有"洁净、干燥"的作用。灵位前,一日三餐还要供茶饭。旧时,不同的亲人参加祭奠的祭品是有区别的,《婺源县志》中就有"亲朋祭奠用茶果,婿、甥祭奠用鸡鱼肉"的记载。亲朋好友前来"吊香"(拜奠),必须要喝一口丧家端上的茶水。按照婺源民间的解释,一是表示答谢,二是可以免除灾晦。

婺源乡村的习俗如此,朱熹也随乡俗。朱熹的门人程深父病逝,他"深为悲叹",在与林择之的书信中说:"香茶在其弟处,烦为于其灵前焚香点茶,致此微意。"

茶与生命的因缘,结合得如此紧密,它一直伴着灵魂走向那个未知世界的奇异之门。

茫然、敬畏、悲凉、神秘、虚无,共同构筑了婺源丧祭的迷宫,而茶,无疑是重生的喻体。婺源乡村无数生命的故事,就隐藏在以茶为祭的过程中。

是否可以这样理解:只有圣洁的茶才可以陪着安然慈悲的神明?

"慎终追远。"无论祭祀与丧礼,都是对亡灵与生命的崇拜与敬畏。而表达敬意与感恩的直接方式,就是把家中最为好吃的、最为好喝的端上进献。

在婺源人家,一年之中没有哪一个节日比春节更重要。大年初一,婺源人称"初一朝",婺源人家第一件事是摆上"粿子盒",首先泡茶、烧香、拜揖(作揖),请祖宗喝茶。在岁之首日,一家人以崭新的风貌面对祖先,献茶追思,以告慰祖先的在天之灵。然后,燃爆竹、开大门，拜"上天言好事，下地保平安"的"灶师爷"（灶神）。接着，一家人才能坐下来"吃茶利市"。

初一这天，婺源人家忌讳扫地和朝外倒茶水，以免走了财气。在聚族而居的村庄，正月还要在祠堂设"香茗粿饵"，挂祖宗遗像，进行祭祖。祠祭的祭器有台帏、坐褥、手巾（毛巾）、铜盆、铜炉、烛台、茶壶、茶盘、拜席、铜锣等。在祭献的礼仪中，奉茶、献茶是必不可少的。比如：溪头龙尾村和龙山的坑头村等地都有正月初七祠堂祭祖的风俗。清早的时候，参祭的人就把宰杀了的全猪全羊，早早摆放在祠堂天井左右两边的架子上。而糖果馈盒、饭羹茶酒等祭品都是摆在供桌上的。祭献礼仪依次是上香、读祭文、奉饭羹、奉茶、献帛、献酒、献馈盒、献胙肉、焚祭文、辞神叩拜等。德高望重的主祭者，是一个地方民间传统的代言人，他的一丝不苟让每一个参祭者肃然起敬。举头三尺有神明。人们相信，自己的所作所为，都有一双眼睛盯着，而这双眼睛，就是自己的祖先。婺源东南西北部的乡村风俗也有迥异，以茶作祭主要有三种形式，即：在茶碗、茶盏中注以茶水；在茶碗、茶盏中只放干茶；不放茶，只置茶壶、茶盅作为一种象征。

面对祖先和神灵，除了敬畏与膜拜，还应有一种喜悦的分享，在婺源人的心目中，是祖先和神灵给予了一切。神秘、虔敬，是与神灵相遇的最好氛围。春社日（立春后第五个戊日），婺源乡村还要烧香、祭茶、酹酒、巡游"祭社公"。婺源乡村设立"社"，在宋代的《新安志》里就有了记载："社，在县西北。"明代的地方志中明确了婺源地方社稷坛为"宋置"。由此可知，婺源"祭社公"的风俗早在宋代，抑或更早时期就已经形成。而在婺源的段莘村，还有"段莘十八"祭祖和请社公菩萨"观灯"的习俗。

只要乡村生命的故事在发生，这样的习俗就会自然延伸。所有这些,都是婺源民间存在的现象与约定俗成的方式。透过这些现象与方式,或许能够看出茶与婺源人生活习俗的密不可分,还有赋予生命更多的积极意义。

《礼记·祭统》中说:"礼有五经,莫重于祭。"若是取样,婺源的以茶为祭,应是农耕社会的祭祀标本。

小知识◎婺源"祭社公"

"社公",婺源民间信仰的神祇,即民间的"土神和谷神"。"社公"文化是从古代沿袭下来的祭祀土神、谷神的"祭社稷",以祈求风调雨顺、五谷丰登的一种敬神活动。相传,"社公"虽然是当地乡村最小的神,掌管的却是一方的平安。

婺源"祭社公"活动,一般在每年的正月初七开始,村民身穿盛装,自发到村庄水口"社公庙",迎接"××大社社稷明公"的神牌到村中"社坛"抑或"社屋",举行上香、祭茶、酹酒、祭拜等仪式。正月十九,再举行仪式将"社公"送归村口"社公庙",以祈驱邪攘灾、保境安民、五谷丰登。

◎"段莘十八"与请社公菩萨"观灯"

在婺源各地异彩纷呈的年俗活动中,段莘的"迎十八"特色明显。"迎十八",是婺源民间祈求先祖保人丁、贺太平的一项祭祖大典,所祭的先祖为汪华。汪华在隋末统领了歙州、宣州、杭州、饶州、睦州、婺州,江南"六州"百姓

二 约定俗成 | 73

奉他为"保境安民"之神，喻为"汪公大帝"。每年农历的正月十三至二十三，都为汪公大帝举行十天的祠祭。十八日是正日，故名"段莘十八"。祭祀活动主要有供猪、演戏、灯会、祠祭等内容。借着这个机会，可以将四面八方的亲朋好友邀聚在一起。当地还有"段莘十八，全靠猪大"的说法，是说要将供猪养到350斤以上。祠祭是段莘"迎十八"的重头戏，祭仪及摆设非常讲究。享堂正中悬挂祖宗肖像，供桌上安放两面江山点翠屏，中置汪公大帝牌位，前置一石制香炉，供桌两侧摆放一对一人高的大花瓶；中堂两厢矗立有全副锡质銮驾与仪仗兵器，"回避""肃静"牌分立两侧廊道；厅堂主梁上还悬挂"六州屏障"锦绣一帧，四周横梁上则挂有各式垂珠宫灯。居厅堂之中的八仙桌用来摆放各房供奉的祭品：四珍、六鲜、八荤、五素、七果、三酒、一汤、二茶。其中酒、饭、茶、汤必须天天更换。

请社公菩萨"观灯"，即正月十五元宵灯会时，村民要烧香、祭茶、酹酒，将上社、下社、通天社的三路社公菩萨抬出庙堂，请社公菩萨"观灯"。

10　茶灯

云在飘，歌在绕，茶在发芽，情在传递。

在遥远的年月里，婺源人开始用茶灯呈现这样的景象。

一个个精心编织的茶篮，扎上一朵朵洁白的茶花，在茶姑的手中就有了茶灯的舞动，就有了茶姑采茶的欢欣，以及人与茶的和谐美好，自然、朴素、舒展。

丰富多彩的婺源茶俗，宛如春天的茶园，而茶灯却是绽放在茶树上的奇葩。婺源茶灯是以茶歌为基础，添加舞蹈元素的一种艺术形式。

早期，婺源茶灯是婺源灯彩的一分子，与龙灯、花灯、鲤鱼灯、狮子灯、莲花灯、宝塔灯等一起，集合了竹艺、装裱、剪纸、绘画等民间技艺，以辞旧迎新和祈祥纳福的情感为铺垫，展现的是花团锦簇的绚丽，还有散佚民间的文化图像。俗话说："梳梳头插插簪，进庆源看十三。"婺源灯彩的高潮从正月十三开始，在催灯、接灯、迎灯、打旋、拖灯等过程中，全面进入元宵节的狂欢阶段，正月十八圆灯。

在婺源乡村，迎灯接春（迎春）活动，抑或踩街巡游，寓意迎春接福的茶灯是必不可少的，或三盏五盏，或八盏十盏，规模根据活动

婺源民间艺人制作茶灯

需要和人数而定。与让人热血沸腾的迎龙灯相比，舞茶灯要悠缓得多。后来，在传承发展中，又派生出了舞蹈——《采茶灯》。

婺源茶灯除了民间节庆展演，还在"婺源·中国乡村文化旅游节"等大型文化活动中进行了精彩亮相。

学有所长，业有专精。从茶灯的扎裱，到流云般的起舞，有一个词语特别清晰——传承。

小知识◎接春

　　立春，是一年二十四节气中的第一个节气，标志着春季的开始。一年之计在于春。每年立春这天，婺源乡村都要举行接春仪式，设香案，放爆竹，供茶水，迎茶灯，以祈风调雨顺、五谷丰登。婺源人崇尚"诗书传家"，文人、学生这天有"开笔"的习俗，要用红纸写上"新春发笔，万事大吉"或"新春开笔"，张贴于书房。

　　在婺源东北部的乡村人家，人们还会在堂前供奉大米、大豆、茶叶等，一是祭拜祖先，二是以祈新春顺意、吉祥平安。

三 屋檐下的茶语

——生发的乡土气息

北纬30°附近,是地球上最有魅力和极具神秘的地带,这里不仅有世界上最高的山峰珠穆朗玛峰和世界上最低的湖泊死海,还有世界上最大的沙漠撒哈拉沙漠和世界上最深的峡谷雅鲁藏布大峡谷,以及令人叹为观止的远古玛雅文明遗址。在这个密布"地球之最"的区域内,"八分半山一分田,半分水路和庄园"的婺源,正好处于这一纬度附近,与安徽休宁、浙江开化同属中国优质绿茶产区优势地域的中心,被专家认定为中国"绿茶金三角"核心产区。

婺源民间简约而又通俗易懂的俗语中,蕴含着有关茶事的许多哲理。

这是农耕时代婺源人悟出的心得,是茶余饭后的智慧语丝。

1 茶谚里的风趣

谚:"传言也。"按照"字圣"许慎在《说文解字》中的解释,谚可以理解为群众中交口相传的一种易讲、易记而又富含哲理的俗语。而茶谚,既是关于茶叶饮用、生产经验的概括和表述,亦是茶文化发展过程中派生的又一文化现象。陆廷灿《续茶经》中"茶之否藏,存之口诀"的"口诀",属谣谚,是歌谣和谚语的一种合称。在茶文化开始繁荣的唐代,苏廙《十六汤品》中"茶瓶用瓦,如乘折脚骏登高"应是最早记载饮茶茶谚的文字。而实际上,茶谚是出自茶的生产者,有关劳动生产的茶谚应该要比饮茶的茶谚早得多。然而,当时只是民间的口口相传,却没有能够留下文字记载。

在茶文化丰厚的婺源,茶谚是通过谚语的形式,采取口传心记的办法得以保存和流传,易讲、易记,具有浓厚的地方特色和乡土气息。"时节刚逢挑菜好,女儿多见采茶忙""假忙三十夜,真忙摘茶叶""平地有好花,高山有好茶,云雾山中出名茶"等,言简意赅,前两条茶谚说出了茶季的忙碌,后一条茶谚讲明了茶的产地与茶质;"客来粿子茶""客来斟茶,双手捧上""浅茶满酒""七分茶八分酒"等,一句句口语化的茶谚，道出了婺源人家的风俗和倡导的茶礼；"开门七件事，柴米油盐酱醋茶""朝霞夜霞，没水烧茶""七月挖金，八月挖银，七八不挖懒农人""采高勿采低，采密不采稀""好茶一堆宝，坏茶一堆草""玩龙玩虎，不如玩茶"等，一句句源自民间的茶谚，丰富而有意蕴。

流传在婺源乡村有关茶叶的谚语，有民间集体创造的烙印，是民众智慧和普遍经验的规律性总结。如"向阳好种茶，背阳好种杉""茶树早采早发，越采越发，迟采迟发""茶叶年年发新枝，采（踩）不尽芽还发""茶地不挖，茶芽不发；三年不挖，茶树摘花""改造茶树不养丛，辛辛苦苦一场空""若要茶树好，铺草不可少""谷雨前，采毛尖；立夏节，采片叶""雨不愁，茶怕抽。不抽不抽茶便休，一年喜事反成忧""茶叶两头尖，三年两头要发癫"……几乎涵盖了茶

婺源茶楼

叶的种植、管理、采摘环节，娓娓道来，相当顺口，便于口口相传，这些谚语都是婺源茶农精确的观察和经验的表述。

也有形容做事无准备，行为迟缓落后的，如"客来扫地，客去端茶"。还有与采茶天气有关的，如"春怕明星，夏怕暗""春东风，雨祖宗""朝霞夜霞，无水烧茶""雨要来，风做媒"，既易记，又实用。

此外，婺源乡村还有一些有关茶叶生活和饮用健康的谚语，颇为风趣，如"男也勤，女也勤，三餐茶饭不求人""午茶能提神，晚茶人难眠""淡茶温饮最养人""清茶一杯，精神百倍""姜茶治病，糖茶和胃""清晨一杯茶，饿死卖药家"……

然而，人们倘若要去聆听这些与山野坡地的茶树共生共长的谚语，婺源口音是最好的辨识。

小知识◎中国"绿茶金三角"

中国"绿茶金三角"，是指浙、皖、赣三省交界的盛产优质高山生态绿茶的三角形地域。这是中国传统优质出口绿茶婺绿、屯绿和遂绿的集中产地。

据介绍，"绿茶金三角"可分为三个层次：小三角、中三角和大三角。"绿茶金三角"核心产区的优势是：产茶历史悠久，生态环境优越，出口茶叶优质，名茶品质优越。该地区是我国无公害和有机茶的重要基地，是高山生态茶的典型产地，与同等嫩度相同级别的同一类绿茶相比，"绿茶金三角"核心产区的茶叶水浸出物含量高于核心区外的茶叶。

2　茶谜里的情趣

"山间茅屋书声响，放下扁担考一场。"

古风犹存的婺源，人们儒雅好文的气质，经过先人的积淀，还在一代代人身上延续。

在婺源人家亲朋好友相聚，围炉品茶，抑或"家设酒茗"，扣着茶的主题，用当地方言出一个谜面或是一句隐语，猜一猜，既益智又添了几分情趣。猜对了，给你一个首肯，竖个拇指；猜错了，也赏你一句"没者也""不对榫"。若是手头做着事去猜，则说你"看戏搭着卖甘蔗——心顾两头"。

在婺源的年俗活动中，元宵节灯谜会是必不可少的。谜面里，有关于当地人文的、风物的、地理的，当然少不了茶风茶俗的。

茶的字谜，无论长幼，都可以说出几条，如"人在草木间""名列前茅""一棵树上哩，栖着二十个人"……

婺源人对茶的情有独钟是由内而外的，从以下谜面可见一斑，如"女子能文能武，细珍珍香喷喷""生在鄣山绿翡翡，全国各地有我名，客在堂前先请我，客去堂前谢我声""言对青山说不清，二人地上说

婺源民间灯谜活动

分明,三人骑牛无有角,一人藏在草木中"……

当然,也有诙谐的谜面,如"一地鸡毛""生在山中绿叶青,住在房中冷冰冰,主人接客先接我,客人谢主知我恩""一只没脚鸡,蹲着不会啼,吃水不吃米,客来把头低"等,猜出了谜底免不了会心一笑。

猜谜图的就是一种氛围。谜面多少,人数多寡,似乎并不重要了。正因为有了在文字抑或口语中的隐藏与破解,婺源乡村的茶谜就多了几分情趣。

小知识◎婺源方言

据《赣东北方言调查研究》记载,婺源为唐开元二十八年(740)建县,长期属歙州(1934年后改属江西,1947年至1949年又一度划归安徽),是江西重要的徽语区之一(其他两处分别是德兴、浮梁)。婺源方言已流传了1200多年,保持了古朴、儒雅、亲切等特点。

比如人们熟知的"东司""出恭""承让"等极富历史文化内涵的词语,在婺源方言中运用极为广泛。此外,婺源方言对"之"字的理解与用法特别接近古汉语。"之"字用在句末,作语气助词,表示已成,相当于现代汉语的"了"字。如吃之、去(音ké)之、没(音mé)之等。在婺源东部方言中,则用"分"字,上述三词分别用吃分、去分、没分替代,其义则相同。此外,古汉语中不常见的"相"字代表第一人称的情况,在婺源方言中也可以找到,如"相帮"(帮我一把)。

婺源方言还有富有节奏、感染力强等特点。如表示程度加强的"甜津(音zěn)津""苦醨(音lí)醨""稠搅搅""稀淌淌""粗薃薃""慢吞吞""急熊熊""松哈哈""紧扎扎""乌分(音xì)分""穷岌岌"……

婺源的先人还收集整理了本地的方言编成《乡音字类》、《乡音字汇》、《平声字类》(手抄本)等。婺源县城,以及东北、西南部乡村的腔调都有所区别,其中的差异度,只有仔细听了,才能辨识。

3　茶与水的乡音

"话说从前……"

虽然婺源乡村老人讲故事的开头如此千篇一律,但"小把戏"(小孩)还是禁不住竖起耳朵,等着听老人呷一口茶后讲的妙趣横生的故事。

灯火如豆,故事依旧,茶香依旧。而时光,模糊了身影。

以前听故事的人,现在开始讲故事了,还是一个腔调,还是茶与水的回声。

于茶,于水,每一个婺源人都有讲述的故事。

汪天官与金竹峰茶

在婺源民间,汪天官与大畈灵山金竹峰茶的故事流传很广。

汪天官,只是婺源民间的叫法,汪鋐才是他的名字。汪鋐官位最高时,担任过吏部尚书兼兵部尚书。相传,汪鋐历尽千辛万苦为皇上在齐云山求嗣,皇上要为他"添官",他谢主隆恩后就有了"汪天官"

的由来。虽然，汪天官位极人臣，却为人正直，廉以律身，而且从不嫌弃糟糠之妻。

相传，汪鋐的妻子程氏，不仅满面麻子，有一双一尺三寸的大脚，而且嘴碎，不管见到谁，喜欢夸夸其谈。据说有一次，嘉靖皇帝召见汪鋐夫妇，当时皇后也在场。程氏对皇后说，家乡灵山上有座金竹峰，金竹峰上的竹子长得特别高，能触上天再折回到地上。皇后一听，好奇心顿起，立即要皇上下令汪天官送竹进京，一饱眼福。汪鋐听后，心里暗暗叫苦。他急中生智说："启禀皇上，贱内头发长见识短，千里迢迢运输竹子很不方便，既于国事无益又劳民伤财，不如派臣去采摘一些竹叶呈上，即可猜想竹之大小了。而灵山金竹峰出产的绿茶，臣想采些过来，请皇上与皇后娘娘一起品尝。"嘉靖皇帝是个爱茶之人，听后觉得有理，便准许了。

后来，汪鋐以灵山箬叶代替竹叶化解了此事，替夫人圆了场。嘉靖皇帝在品尝汪鋐送上的金竹峰茶时，见茶叶色泽翠绿，汤色清澈明亮，饮后回味甘醇，神清气爽，连连赞许是人间难得的好茶。沉浸在茶叶清香中的嘉靖皇帝，一边品茶，一边向汪鋐问起了金竹峰茶的来历。汪鋐禀报："此茶乃家乡的绝品，由碧云庵的道人采灵山金竹峰上的野茶精制而成。"嘉靖皇帝听后大加赞赏，赐书"金竹峰"三个大字，并钦定将大畈灵山金竹峰茶列为贡品。从此，每年金竹峰茶园开采时，地方官员都要到大畈灵山举行隆重的开园仪式，然后把精心采制的贡茶快马加鞭送入京城。

金竹峰是大畈灵山的其中一座山峰，而灵山因为南唐国师何令通的缘故，是一座方圆几百里内家喻户晓的名山。因此，婺源人对外都习惯将金竹峰的绿茶称为大畈灵山茶。从明朝中期一直到民国初年，大畈灵山茶一直被列为婺绿绿茶"四大名家"（即大畈灵山茶、溪头梨园茶、砚山桂花树底茶、济溪上坦源茶）之首。清末的时候，大畈灵山茶在上海国际茶叶评比会上曾获金奖。

在大畈灵山北麓的金竹峰，历史上曾建有金竹峰庵，庵里悬挂着御赐的"金竹峰"匾额。如今，庵已无存，遗址仍在，而金竹峰的高山云雾茶，一直是婺源绿茶中的珍品。

小知识◎汪鋐

汪鋐(1466～1536)，字宣之，是唐代越国公汪华的后裔，婺源大畈汪氏第七十八代。他在弘治年间考中进士，官至太子太保、吏部尚书兼兵部尚书。婺源人都称他"汪天官"。

正德十六年（1521），汪鋐时任广东按察使，他奉命驱逐"佛郎机"（即指当时的葡萄牙和西班牙），取得了广东屯门海战的胜利，他也是我国最早向西方学习、引进西方先进武器"佛郎机铳"的一代名臣，比明末的徐光启等引进和铸造西洋大炮还要早约100年。

汪鋐清正廉洁，为官30余年，退隐回家时只有一箱箱的线装书。家乡人都说他是"穷天官"。嘉靖十五年（1536）七月初七，汪鋐在家乡辞世，享年71岁。

潘选与"孝子茶"

百善孝为先。孝子茶的故事在婺源妇孺皆知。

在坑头村,明代的潘选是一个传奇式的人物,他做官风清气正,他的孝行更是感人至深。相传,潘选少年时就很懂事,对每一位长辈都尊崇敬重。他在明弘治年间进士及第,专门在家乡建造了一座锡元桥,方便乡亲父老。潘选从江山知县做起,一身正气,升至户部主事,再升河南按察佥事。潘选在转任山西佥事时,母亲患病,他"弃官归,值母病思食鲫,急不可得。或请以他鱼代,选不可。解衣入池中捕之,果得二鲫"(道光《徽州府志》卷十二)。潘选一句"欺母,欺天也",让多少人自惭形秽。

潘选的母亲患病期间,潘选天天在病床前奉茶侍汤。后来,母亲去世了,潘选趴在灵柩上哭了七天七夜,竟然跟随母亲而去……村里人为了纪念潘选,将他家茶园生产的茶称为"孝子茶"。

潘选的一生简洁得不能再简洁了,但他守住了两个字——"廉""孝"。传说舜以自己的孝行感动了天帝。而潘选呢,他的孝行也足以让每一位品茶的人为之动容。

"陈茶"朱文炽

清代在广州业茶的婺源茶商中,有个绰号叫"陈茶"的朱文炽。

朱文炽是婺源官桥人,他为人憨厚刚直,做生意"童叟无欺","宁可失利,不可失义"。有一年,他运一批茶叶去珠江,由于路途遥远,一路不畅,错过了大宗交易的时机。朱文炽运去的是新茶,由于一路耽搁，就成了陈茶。而新茶与陈茶的价格区别很大，这意味着朱文炽损失不小。朱文炽二话没说，主动标出"陈茶"字样销售。即便与人交易的契约上，也不忘注明"陈茶"二字。当时，珠江的"牙侩"（业务经理）找到朱文炽，说他这样做生意，自己亏了不要紧，还存心不让大家赚钱。朱文炽说不是他不让大家赚钱，是不能昧着良心赚钱。朱文炽主动卖陈茶的事传开了。从此，一传十，十传百，朱文炽"陈茶"的绰号也在广州叫响了。

"陈茶"朱文炽，做生意讲信誉，为他后来成为婺源乃至徽州的大茶商，奠定了良好的基础。

小知识◎婺源茶商的茶叶外运途径

"商人重利轻别离，前月浮梁买茶去。"（白居易《琵琶行》）早在1000多年前，原属祁门的浮梁，由于周围的婺源等地均为茶叶主产区，就成了茶叶的集散地。婺源茶商的茶叶外运途径主要通过浮梁和屯溪发散出去。

早在宋代，徽州婺源就与饶州鄱阳发生了联系，据淳熙《新安志》记载："婺源阻五岭，其趋鄱阳径易。"清代时，鄱阳石门街镇已经成为驰名遐迩的商业重镇，婺源商人曹崧和曹德谦先后创建徽州会馆与星江会馆，可见当时来往商旅的人数之多。进入浮梁的茶叶，先进入鄱阳湖，再由湖口进入长江转销各地。"未见屯溪面，十里闻茶香，踏进茶号门，神怡忘故乡。"民谣中流传的屯溪，在清代时随着出口贸易的扩大，迅速成了徽州各地绿茶拼配的集散地。清咸丰年间，婺源商人在屯溪就开设了"俞德昌""俞德和""金隆泰""胡源馨"等著名茶号。进入屯溪的茶叶,主要利用新安江进行运输转销。而走"徽饶道",主要靠肩挑背驮。

在江湾水与段莘水交汇处的汪口,后来竟成了徽州两大水埠码头之一(另一处为歙县渔梁码头),18条巷道连着18个河埠,从这里开始,茶商可以通往饶州、九江,甚至荆楚等地。"裕馥隆""怡生蔚""发芬源""裕盛悦""裕泰祥"等80多家茶号,以及"裕丰""悦来""宏大""兆记""德通""益泰""同茂""立和"等商行店铺,集结在汪口街上,给明清时期的汪口街罩上了一层层繁荣的光泽。

道光二十二年(1842),"五口通商"(中国开放广州、厦门、福州、宁波、上海五处为通商口岸)以后,婺源茶商的交易地点开始转移到上海,出口茶占了全县茶叶产量的80%左右。在茶叶经营的鼎盛时期,婺源茶号达300多家。

抗日战争爆发后,上海沦陷,口岸移至香港。

茶商胡炳南斗智斗勇

清嘉庆年间,婺源茶商胡炳南在上海经营茶叶。正当他生意做得顺风顺水的时候,浙江一位名叫杨之清的茶商也在同一条街上开了一家茶庄。

杨之清获利心切,不正当经营,茶庄一开张,就把价格压得很低,引得顾客趋之若鹜。胡炳南得到消息后,号令整条街上的婺源茶庄一齐降价，一直降到成本的二分之一。杨之清也跟着降价，一连 20 天，他的茶庄始终跟着婺源茶商的价格走。杨之清的茶庄每天茶叶交易量可达 500 担，这一降价亏的不是一笔小数目，杨之清一个中等茶商哪来那么多钱支撑？胡炳南一打听，原来在这条街上有个杨之清的同乡——一位大典当商在支持他。

胡炳南决定与杨之清斗智斗勇，集宗族的财力和杨之清一比高低。首先，胡炳南发动整条街上的婺源茶庄每天向杨之清购买 3 担茶叶。也就是说，从这天起，婺源茶商售出的血本茶都是杨之清的。其次，胡炳南派人把家藏的金菩萨送到杨之清同乡的当铺典当，每尊金菩萨当银 1000 两。每天当一尊，连续当了 3 个月。

当铺老板发现情况不妙，心里乱成了一锅粥，有些扛不住了。他拦住前来典当的伙计问："怎么会有这么多的金菩萨？"胡炳南的伙计说："我家主人家里有金菩萨 500 尊，现在只当了 90 尊，剩下的准备一天天地慢慢当。"当铺老板问："为什么每天只当一尊？"伙计说："我家主人每天要向杨之清购茶叶 500 担。"当铺老板了解了缘由，知道自己得罪了大茶商胡炳南，只好自认倒霉。当铺老板托人出面，找到胡炳南赔礼，请他将金菩萨赎了回去。

之后，当铺老板领教了胡炳南的厉害，自知在这条街上很难立足，也就改换门庭了。而杨之清呢，忽略了婺源茶商是凭血缘关系做生意的——"或子佐父贾，或翁婿共贾，或兄弟联袂，或同族结伙"，最后弄得自己血本无归，关门倒闭。

胡炳南与杨之清斗智斗勇，3 个月就把杨之清摆平了。

婺源绿茶与"洋茶经"

婺源人讲话的习惯,喜欢在外国的事物前面加一个"洋"字,比如把外国人称为"洋人",把他们穿的衣服称为"洋装"。生活中这样的叫法更是比比皆是,如"洋火"(火柴)、"洋油"(煤油)、"洋灰"(水泥)等。威廉·乌克斯是美国人,他写了一部《茶叶全书》,婺源人称之为"洋茶经"。

威廉·乌克斯潜心十年完成的《茶叶全书》,与中国唐代陆羽的《茶经》和日本建久时代的高僧荣西和尚的《吃茶养生记》,并称世界三大茶叶经典。最初,是一杯茶的力量感动了他们,而他们却用茶的文

鼎盛隆茶号出口商标

字感化温暖着世界人民。

威廉·乌克斯是美国《茶与咖啡贸易》杂志主编，对婺源绿茶有很高的评价。他在《茶叶全书》中写道："婺源茶不独为路庄绿茶中之上品，且为中国绿茶中品质之最优者。其特征在于叶质柔软细嫩而光滑，水色澄清而滋润。稍呈灰色，有特殊的樱草香，味特强。有各种商标，以头帮茶（春茶）最佳。"

威廉·乌克斯在书中还引用了1785年英国自由党人写的一首讽刺保守党政客鲁里勋爵的以中国各种茶名为韵的诗："茶叶色色，何舌能别？武夷与贡熙，婺绿与祁红，松萝与功夫，白毫与小种，花熏芬馥，麻珠稠浓。"贡熙和麻珠都是婺源精制绿茶中的品名，松萝也是婺源、休宁的主要茶品。这不仅说明婺源绿茶品质好，而且制茶技术也十分精湛。

《茶叶全书》在世界各国茶界的广泛发行，为婺源绿茶蜚声海外，起到了推波助澜的作用。于婺源绿茶，这是商品之外的在文字中的一种出口。

小知识◎《茶叶全书》

《茶叶全书》，美国人威廉·乌克斯著，1935年出版。

在威廉·乌克斯的心目中，茶是"东方的恩赐"之物，饮茶已成为世界人们一种主要的享乐方式之一。此书从历史、技术、科学、商业、社会及艺术六个方面详细阐述了茶叶所涉及的各个领域，是一部关于茶叶的百科全书。

◎罗伯特·福琼窃茶

在 19 世纪 40 年代之前，中国一直是世界上第一大茶叶生产和供应国。而在居民每天都有喝下午茶习惯的英国，有一位名叫罗伯特·福琼的植物学家，为了使英国的东印度公司能生产出更好的茶叶，竟然潜入徽州茶区窃取中国茶叶种植生产秘密。

1842 年至 1845 年间，罗伯特·福琼曾作为伦敦园艺会领导人在中国旅居，他懂得中文和中国的风俗习惯，回国时带回了许多西方人没有见过的植物。1848 年 9 月，罗伯特·福琼从香港转道上海，他潜入的目的只有一个，即从中国盛产茶叶的徽州地区挑选出最好的茶树和茶树种子，然后从中国运送到加尔各答再转运到喜马拉雅山麓上的英国茶园。乔装打扮、隐瞒身份的罗伯特·福琼，潜伏茶区三年，完全掌握了种茶和制茶的知识和技术。回国后，他出版了旅行手记——《两度造访中国茶乡和喜马拉雅山麓上的英国茶园》，却隐藏了他窃取茶叶种植与生产技术的行为。

罗伯特·福琼窃茶的结果，对中国茶叶出口无疑是一场灾难。原在世界茶叶销售中只占 4% 的印度，到 1903 年销售比率已上升到了 59%，而中国的销售比率却下降到了 10%。这对"发洋财"的婺源茶商生意的影响就不言而喻了。

婺源绿茶与巴拿马万国博览会金牌奖

在不同的历史阶段，婺源绿茶的清香，引发人生无尽的遐想。

民国四年（1915），对于婺源绿茶来说，是个重要的年份，婺源绿茶在世界性的茶类评比中获得了殊荣。

巴拿马万国博览会，是为了庆祝巴拿马运河被开凿通航而举办的一次盛大的庆典活动，会址设在美国旧金山市。此次博览会，开创了世界历史上博览会历时最长、参加人数最多的先河。中国作为国际博览会的初次参展者，第一次在世界舞台上公开露面，并取得了令世界瞩目的成绩。

在巴拿马万国博览会的茶叶类评比中，"协和昌"茶庄产制的"珠兰精茶"，"益芳""鼎盛隆"茶庄的精制绿茶，"林茂昌"茶号的精制绿茶代表婺源绿茶参评，囊括了一等奖、二等奖和金牌奖，为中国茶叶赢得了荣誉。

时光荏苒，在随后百年的婺源茶叶历史的细节里，婺源绿茶均以显著的特质，为世人所珍视，屡获殊荣。在步入21世纪的序曲前，在进一步与国际接轨的进程中，受国家原产地名称保护的婺源大鄣山茶荣获1999年昆明世博会金奖，再次向世人证实了婺源绿茶百年不变的优秀品质。

尤其让人们惊喜的是，婺源茶人在这片灵秀的土地上，经过无性繁殖，育出了属于本土的国家级茶树良种——上梅州。

巴拿马万国博览会金牌奖证书

小知识◎"协和昌"茶庄

"协和昌"茶庄，可谓婺源经典的老字号。

清朝咸丰七年（1857），思口镇龙腾村俞顺在饶州（今江西鄱阳）开了一家名为"协和昌"的茶叶商号，寓意"协力同心均遂意，和气生财必大昌"。俞杰然作为第二代传人，在光绪年间接手了"协和昌"茶庄，他将绿茶生意做得红红火火。"协和昌"的第三代传人是俞仰清，他在老家龙腾村开辟了"祥馨永实业花园"，种植黄白株兰花，提取香精窨制珠兰花茶，开设"祥馨永"茶号，开创了婺源加工窨制花茶的先河。生意没有捷径可走，只有脚踏实地一步步去做。"协和昌"先后在上海设"天山茶庄"和"升昌盛茶栈"，在湖北沙市三府街设"沙市茶庄"，在景德镇设"汪天泰茶庄"，在九江设"源茂茶庄"和"万茂茶庄"，在吉安设"信大吉茶庄"，在南昌设"兴盛花园茶庄""兴茂花园茶庄""华茂花园茶庄""致力茶庄""万利茶庄"，销量不断攀升。

清宣统二年（1910），经南洋劝业会评审上报，精制的"珠兰窨花茶"荣获清政府的农工商部金牌奖。民国四年（1915），"珠兰精茶"又以品质最优荣获巴拿马万国博览会一等奖。从此，"珠兰窨花茶""珠兰精茶"名声大噪。

龙腾村俞氏族人现在还珍

龙腾村俞氏族人珍藏的获奖纪念杯

藏着"龙腾瑞云"商标图案的纪念杯：图案上，一条龙昂首张爪腾舞于瑞云之中，一位仙女提花篮作散花状；右边横书"龙腾瑞云商标，分设沙市协和昌纪念赠品"，左边直书"厂设徽州婺源祥馨永，精制珠兰与龙井，美国赛会奖一等"字样。

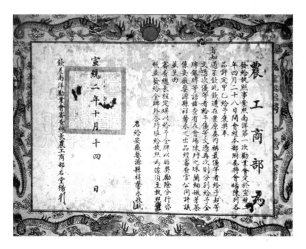

"珠兰窨花茶"荣获清政府的农工商部金牌奖的证书

九龙（隆）下海（水）

日本铁蹄踩踏中国的时候，婺源是东南地区没有被侵占的县份之一。早在清道光年间，思溪村人金利俅创办了"顺德隆""顺泰隆""康德隆"等9家茶号。金利俅与詹天佑的祖父詹世鸾是好朋友，早年通过广州"十三行"（鸦片战争前，广州港口官府特许经营对外贸易商行的总称）直接与外国人做茶叶生意。金利俅虽然身在生意场，他带着3个儿子做生意却以仁义为本，"通天下货，谋天下财，利天下人"。"鼎盛隆"的老板金銮，通晓洋务，懂得英、法、日等国语言，与当时洋务派首领李鸿章、张之洞都有来往，曾一度成为上海滩茶业界的巨头……然而，日本发动侵华战争，出口生意受阻，给婺源茶业界带来了灾难性的打击。思溪，是婺源茶号所占比重较大的村庄之一，金利俅首当其冲。

婺源一个茶号的员工，按照打火、筛扇、外购、押运等工序计算，需要140人左右。如果加上送柴火、修缮制茶工具的人员，其规模更加庞大。思溪村有9家茶号，总计人数起码在1300人以上。当年，思溪茶号兴盛的时候，带来了村庄前所未有的繁荣。村庄的戏会、道场，接踵而至。洪董戏会、彭公戏会轮流出资演戏。亲朋好友赶"兴会"（热闹）看戏，更是一拨接着一拨，村里人应接不暇。思溪殷实的人家，无所谓客来多少。家庭拮据的，就留下了这样的顺口溜："做戏做得起，供（养）戏客（看戏的客人）供不起。""一斤猪肉切成十八爿（小块），既要应客（接待客人），又要应戏。看戏的亲戚，细人（家中小孩）还要吃，妹伩（小孩）妹伩，真是不知天气（不懂事）。"说归说，客人临门，勒紧了裤带还是要接待的。甚至，从后门口绕出去，向邻居借了几个"鸡麻子"（鸡蛋），客人都是不能怠慢的。

然而，日本军队封锁了口岸，炮火连连，茶叶出口成了泡影。于是，思溪由盛而衰，一片萧条，九家带"隆"字的茶号（茶厂）相继下水（倒闭），就有了"九龙（隆）下海（水）"的故事。

小知识◎思溪村

　　思口镇思溪村，由俞姓始建于南宋庆元五年（1199），因地处清溪旁，故以鱼（俞）水相依之兆而取名"思溪"。后来，思溪俞氏在江西、浙江、上海乃至湖南、广西等地经商，主要从事木材、茶叶、盐业等商业活动，获得成功。经商致富的思溪茶商，大多携资归故里买田置房、兴建书院，创建了大批府第楼阁、祠堂牌坊、路亭茶亭等。现村中保存有明清民居30多幢，这些建筑与自然环境巧妙结合，如诗如画，意境神美。

好茶与好水

　　水，能够净化万物。

　　而茶与水的相融，却能净化心灵。

　　古语说："茶为水之神，水为茶之体。"明许次纾说："精茗蕴香，借水而发，无水不可与论茶也。"明张大复说："茶性必发于水。八分之茶，遇十分之水，茶亦十分矣；八分之水，试十分之茶，茶只八分耳。"他们说的都是茶与水的关系。

　　在明末清初，婺源绿茶"四大名家"——大畈灵山茶、溪头梨园茶、砚山桂花树底茶和济溪上坦源茶均为贡品，一时名重天下。好茶，必然有好水。于是，在婺源品茗论茶，自然离不开"廖坞泉中水，鄣山顶上茶"。

廖坞，位于婺源县城西。北宋乾德元年（963），宣歙观察使查文征辞官后，看中此地不仅林壑幽美，还有一眼泉甘洌，便建庐于山光寺，隐居了下来。空闲的时候，查文征经常与县令廖平一起"松风煮茗，竹雨谈诗"。山与泉都因人而名，后人将山称为"查公山"，泉则称为"廖公泉"。

从廖公泉开始，在千峰竞秀的婺源，可以找到许多名泉。比如廉泉、源头泉、洗心泉、太平原泉、禾石洲泉、灵山泉、龙泉井、李庄泉、胡秀庄泉、石耳山泉、大鄣山泉等，都是甘洌的优质泉水。

高山出好茶。循着山泉水响，就有了茶的清香。《山海经》中记载的大鄣山，有"三天子都"之称，主峰擂鼓尖海拔1629.8米，是鄱阳湖水系乐安江与钱塘江水系新安江的分水岭。大鄣山山脉及其周边2100平方公里的高山茶区，区域内生态环境优越，自古就是出名茶的灵秀之地，形成了"香高、汤碧、味厚、汁浓"的品质风格。在大鄣山茶区，两米多高的野生茶树随处可见。相对而言，这些茶区的村庄，也是婺源茶俗突出的区域，茶俗的内容依然贯穿在人们的生产生活之中。他们对当地绿茶茶品的称谓还是如此质朴："明前茶"（清明前采摘的茶）、"雨前茶"（谷雨前采摘的茶）、"雨茶一级"（谷雨前采摘的一级茶）。

道法自然。茶是自然之茶，水是自然之水。"廖坞泉中水，鄣山顶上茶。"无论水还是茶，都是婺源的极品，却不是一般茶客所能奢求的，即使土生土长的婺源人，也需要机缘与境遇。

于茶，因水而重生。

茶叶大王郑鉴源

在婺源茶商中,赫赫有名的当属茶叶大王郑鉴源。

光绪二十八年(1902),郑鉴源出生在婺源的沙城李村。因为家境贫寒,他从小在杂货店和茶号做学徒。相传,19岁那年,郑鉴源跟着舅父押茶去上海,没想到途中被劫了。舅父气急攻心,一病不起。舅父临终时,将生意托付给他。于是,郑鉴源借钱从老家运了一批茶叶去上海,独自踏上了业茶之路。当时的上海,是中国近代首屈一指的茶埠,是茶商、洋行云集之地。郑鉴源凭着对茶叶加工技艺的钻研和生意场上的胆识,很快得到了同乡会的认同与业界的认可。

1922年,郑鉴源先后在婺源开设"鉴记芬""德记芬""郑德记""郑鉴记"四家茶号,又在上海浙江北路开设了源利茶厂。当时,郑鉴源可以算得上是上海滩最年轻的茶商了。1925年,郑鉴源连着在金陵东路开设了"润记·鸿怡泰"茶庄,在天潼路开设了"源丰润"茶栈。随后,又在河南北路办起了源利分厂。还相继在江西的上饶,安徽的屯溪、祁门,浙江的温州、诸暨、奉化、新昌等产茶区,就地将茶叶加工精制后直接运往上海。从此,郑鉴源和他的"鉴记"商标声名鹊起。在1930年的上海,茶业界"以帮别,上海茶厂徽、广两帮最占实力,本帮不过五六家。其他江西帮、绍帮、甬帮更少。至于工人,则制绿茶者多徽帮,制红茶者多江西帮"(《上海之茶及茶业》),郑鉴源不仅占有一席之地,还竖起了标杆。据1936年6月的上海《申报》报道,郑鉴源一个月的茶叶出口量达1299箱。民国二十八年(1939),随着上海建中贸易公司在上海江西路的创立,

"上海出口茶业几为徽州婺源帮所独占",郑鉴源坐上了上海滩茶叶行业第一把交椅。

茶业界大多数人士都知道郑鉴源在事业上的辉煌,却很少有人知道他的钻劲与一路走过的艰辛。郑鉴源练就了辨鉴茶品的"独门绝技",即便蒙上双眼,都能凭口感辨别十多杯茶的产地与等级。他不畏困难,事业一步步发展壮大,试图建立起从生产到出口自成体系的茶叶王国。然而,事与愿违。随着第二次世界大战的爆发,由于海运受阻,郑鉴源的茶叶外贸中断。

他把目光转向了内贸市场,一度竞争受挫。抗战胜利后,郑鉴源重整旗鼓,在茶业界不敢问津茶叶时,试水以货易茶,并大量囤积茶叶。民国三十六年(1947),在法国经济团来华大量采购物资时,他一举抛售成功。从那时起,外国人给郑鉴源冠上了"茶叶大王"的名号。

接着,郑鉴源着手改组上海建中贸易公司为中国茶叶公司,手下职工就有4000多人。他将儿女相继送往中国台湾、中国香港、美国、加拿大学习,以谋求事业的更大发展。在事业的巅峰期,郑鉴源的收益可以用秒来计算:"看那盘龙钟,钟摆每摆动一下,就可以收益一块现大洋。"

"取之于民,用之于民。"郑鉴源从事业成功的那天开始,开启了一条更为广阔的慈善之路。郑鉴源乐善好施,无论婺源人乃至徽州人有困难找到他,他都义无反顾地伸出了援助之手。同时,郑鉴源一直在默默地资助上海的出版业。在一次慈善会的选举中,大家公推他为上海同济善会理事长。

中华人民共和国建立后,随着全国公私合营的展开,郑鉴源的茶叶产业并入了公私合营的轨道,他先后担任上海市政府节能委员会委员、上海市茶叶商业同业公会理事长、中国茶叶协会常务理事、上海市商会组织委员会委员、婺源旅沪同乡会理事长等职。1959年,中国民族资本家、婺源茶商的杰出代表——郑鉴源,积劳成疾,为生命画上了一个圆满的句号。

小知识◎婺源古代产茶数量

在古代,婺源的产茶数量虽没有史料直接记载,但根据茶价、税率和总税值可以进行推算。宋代婺源税额有5100贯左右,茶叶总产量在1600担至1800担之间。元至元十五年(1278),婺源茶课为5100多贯,茶产量应在万担左右。明代时,婺源每年茶课钞6500贯左右,按商人买茶纳钱取引,每百斤纳钞一贯,产量当为六七千担。(王钟音《婺源茶叶产制史》)在清代查慎行(1650～1727)任编修官时编修的《海记》中,清初各省贡茶条目都有贡茶地和贡茶数的记录,其中以婺源为代表的徽州"一府六县"贡茶数为3000斤。康熙三十三年(1694),蒋灿纂修的《婺源县志·物产》中有了"茶"的记载。到清嘉庆时,婺源的岁行茶引达2万道,已占全徽州茶引总数的三分之一强,一跃成为徽州最主要的产地。

清同治、光绪年间,徽州茶叶总产量已是明代的5倍,岁行茶引达10万道,其中婺源占有3万道之多。"我婺物产,茶为大宗,顾茶唯销于外洋一路。"(光绪《婺源乡土志·婺源风俗》)光绪二十二年(1896)《徽属茶务条陈》中记载:

"徽属产茶，以婺为最，每年约销洋庄（外销）三万数千引。"（按每引120斤计算，外销茶已达4万担左右。如果再加上内销和运往上海加工的茶叶，婺源年产毛茶当在5万担以上）民国二十四年（1935），据婺源县政府调查科调查，全县种植茶叶17.2万亩，当时"皖南产茶区域为歙县、休宁、婺源、祁门、黟县、绩溪六县"。"六县之中，婺源茶区面积之大，产量之多，推为第一。"（朱美予《中国茶叶》）

四 茶乡的韵味
——心灵与精神的契合

婆源,一个由茶文化与儒文化熏陶出来的地方。

在散发赣风徽韵的乡村里,依然承继着本土文化血脉中的优良部分。

带着农耕文明的印痕,婆源人的精神质地,从茶的根部,从儒家的文脉中,向上生长。

茶,滋养着婆源人的生活,更滋养着婆源人的心灵。

敏感的心灵,在一片叶里苏醒。或寄情山水,或境由心生,或趣由意转,婆源人在茶乡大地上,构筑了一个充满情调与韵味的故乡。

1　茶的画境

婺源博物馆,是一扇通往婺源历史的大门。

在那里,人们可以找到许多尘封已久甚至是鲜为人知的故事。博物馆的藏品除了有文物价值,还有美学价值。馆藏的1万多件文物珍品,是遥远时代背景中婺源文化的深厚积淀,以及隽永的文化魅力。

先搁下馆藏的清代子冶款和石泉款的紫砂壶不说,就从馆藏的山水画中去寻找蕴含的历史信息,以及从当代婺源本土画家的风俗画中去感受婺源茶文化的传承。

"山间云烟舒卷,岩壑幽邃,流泉洒落,远峰飘杳,翠云深处隐现人家。"在婺源清华人胡皋的《群山云绕图轴》(明·绢本设色,纵145厘米,横60.5厘米)中,山间弥漫着万千气象,有两个人在凭栏听泉,还有一位老翁"曳杖相访",水阁的画境虽然没有直接表现茶,却分明有茶的意境,还有茶的清香。人生最为淡雅的事,莫过于三五好友一起听风,看云,吃茶。

"凉台静室,明窗曲几,僧寮道院,松风竹月,晏坐行吟,清谭把卷。"明代陆树声在《茶寮记》中说出了品茗的胜境。明代书画家文征明，在与友人"浅瓯吹雪试新茶"中创作的《品茶图》，堪称"以茶助画"的代表作。他在落款中记述了当时的情景："嘉靖辛卯，山中茶事方盛，陆子傅过访，遂汲泉煮而品之，真一段佳话也。"苏州画家文伯仁的《仿宋人山水图轴》（明·绢本设色，纵90厘米，横29.7厘米），形式美与意境美的融合更为凸显，苍松下，"涧水绕庐而过，二人开轩危坐对话"，长条的木桌上摆着茶壶、茶瓯，茶已煮好，正等着策杖的长者，还有携琴的童子。素纸薄宣上，山、树、溪、木屋，还有人，互为风景，木屋桌上的茶，琴童背上的琴，才是画家为山中悠然相见的雅事埋下的伏笔。杜甫的"落日平台上，春风啜茗时"，描述的也是这样的情景吧。

画境诗境，都是心境的体现。水墨单色，墨白渲染。在婺源人黄海的《山水图轴》（清·纸本，每幅纵138厘米，横47.5厘米）里，无论是一山一溪，还是一木桥一扁舟一茶亭，应都是画家内心悸动时所描绘的景物。那空无一人的茶亭，是否在等待游子的归来？黄海在清咸丰年间客居上海，在他的另一幅画家乡的山水图中，借山水之意表达了对故土故人的思念："我别漳溪久，思君十余载。何时泛小舟，重记子云居。"

在馆藏的作品中，婺源人汪心用《耕织图轴》（清·纸本，22幅，每幅纵83.5厘米，横46厘米）描绘了耕作与纺织的场景。记忆里的景物与情境，俨然是一幅幅民间风俗画。而这样的作品在当代本土画家戴奔洪的风俗画里得到传承。戴奔洪生在婺源，长在婺源，是婺源恢复高考后第一批考入美术专业的人，毕业后长期从事美术创作，拥有得天独厚的地域人文资源，他先后创作了《二十四节气与婺源农事》（纸本，全套）、《婺源婚礼习俗》（纸本，全套）、《婺源四时八节》（纸本，全套）等作品集。戴奔洪坚持向生活要素材，却不是简单的描摹，

婆源手工制茶图卷（局部）

而是对人物与物象进行艺术表达。难能可贵的是，他近年创作的工笔重彩风俗画——《婆源手工制茶图卷》（纸本，纵50厘米，横360厘米）和《八仙品茗图》（纸本，纵160厘米，横102.5厘米），画风抱朴守拙，笔画细腻，色彩热烈，不仅把婆源民间采摘、晾片、杀青、摊凉、揉捻、烘焙、去杂、包装等手工制茶的程序表现得淋漓尽致，浓郁的乡土气息跃然画中；还按照婆源人家堂前的摆设与喝茶习俗创作，再现了民间关于八仙品茗的传说，铁拐李、汉钟离、张果老、蓝采和、何仙姑、吕洞宾、韩湘子、曹国舅，一个个活灵活现，栩栩如生。"人间有味是微醺。"在《八仙品茗图》中，八仙品茶似乎也品到了如此状态，"言有尽而意无穷"。

"待到春风二三月，石炉敲火试新茶。"戴奔洪创作茶主题的风俗画，接地气，很容易让人想象到春天茶园的现场和乡村农家展开的景象：采茶的村姑，做茶的茶农，以及"小把戏"（小孩）围着八仙桌听老辈人讲述婆源茶的故事。

八仙品茗图

小知识◎婺源博物馆馆藏茶具

据《婺源博物馆藏品集粹》记载,婺源从唐代开始,到明代中期止,有着700多年的制瓷史,加上婺源又毗邻景德镇,是历史上饶州至徽州直达杭州的主要通道,有大量的景德镇瓷器由此流向市场,因此,流入民间的瓷器较多。同时,婺源的文人雅士、茶商、木商,甚至官宦遍布各地,他们带回的陶器、紫砂均汇集婺源……婺源是著名的茶乡,从婺源博物馆珍藏的茶具中,便可探寻到婺源历史上茶具之丰富:

子冶款紫砂壶　清。腹径14.5厘米,高7.5厘米。壶体呈六方形,扁腹,圈足,桥形纽,壶身阴刻"倾不损,受不溢,用二岳则吉",落款"子冶"。此壶砂质细腻,构思精巧，铭文别致，格调高雅。

石泉款紫砂壶　清。底长13.6厘米，宽6厘米，通高8.2厘米。壶体呈半月形，桥形纽。壶腹部一面阴刻竹子及行书落款"石泉刻"，另一面阴刻篆书"伴月"，落款"石泉刻"。此壶造型独特，新颖别致，线条流畅秀美。

青白瓷芒口菊瓣汤瓯　北宋靖康二年（1127）。口径10厘米，高6厘米。芒口覆烧，直口弧壁，平底足，内壁素洁闪青，外壁刻画菊瓣，刀法简练，器物口沿与扣银处有凹纹2道，扣银依稀可见。胎薄质细，釉色透明晶莹，制作精巧。

黑釉扣银天目盏　南宋嘉定四年（1211）。口径12.5厘米，底径4厘米，高7.3厘米。侈口，弧壁，口沿扣银，深腹平底，圈足露胎处有支烧点。施黑釉，釉亮如漆，外壁下部有垂流积釉现象，有兔毫纹。

青白釉托盏　北宋。通高8.8厘米，盏高5.5厘米，杯高3.3厘米。托，圈足较高，足内无釉。圈足上有一圆盘，中心部位高起托圈，可放盏杯于上，呈莲瓣形。杯，敞口，斜腹，圈足外撇，壁有6条浅摆，在口沿处稍稍内收，腹壁呈弧线下放。施青白釉，釉面莹润，整体造型线条优美、流畅。

此外，婺源博物馆还藏有清代镶玉锡壶、清代青花瓷茶壶、清代汪棣制瓷茶壶、清代青花瓷盖碗等。

◎婺源与"八仙"的传说

浙源岚山路的铸炉坦村，传说是道教"八仙"中吕洞宾、铁拐李、何仙姑的故乡，如今村里还居住着吕、李、何三姓的后代。婺源民间有"三仙四相一贤人"之说，显然，"三仙"是指铸炉坦村的吕洞宾、铁拐李、何仙姑；"四相"则是指婺源历史上四位有丞相权力而没有丞相官阶的吏部尚书；"一贤人"，无疑就是一代大儒朱熹了。

相传，何仙姑成仙之前，在村中经营客栈，为过往商旅提供食宿。一来二往，回头客多了，何仙姑清楚了客人一餐饭量的多少，对饭量大吃不饱的，有意多加半把米，尽量让客人吃饱些。久而久之，客人们相互传颂。得道成仙的吕洞宾听到后，半信半疑，就化成一位客人投宿。客栈客满，何仙姑看到吕洞宾又饿又累，就腾了柴房供他休息。做晚饭时，吕洞宾明里在厨房帮何仙姑烧锅，暗里却在察看何仙姑量米做饭。果不其然，何仙姑像其他客人传颂的一样，为每位客人多加了半把米。满心欢喜的吕洞宾想度何仙姑成仙，就试探着动手动脚调戏她，没想到，何仙姑拿起笊篱（婺源人家捞饭的器具）就打，吕洞宾无处可逃，一头钻进了灶窟，何仙姑穷追不舍，吕洞宾就把何仙姑从灶窟拖到烟囱，度化成仙了。后来，南来北往的商旅为纪念何仙姑，捐资建造了"仙姑桥"，在桥头建造了"仙姑庙"，桥上的神龛里和庙里都供奉着手拿笊篱的何仙姑雕像。至于他们的同村人铁拐李，他的脚瘸是因为做错了事，自己有意把脚放在米碓的石臼中给舂瘸的。

2 茶诗的表达

"茶之为物，可以助诗兴而云山顿色，可以伏睡魔而天地忘形，可倍清谈而万象惊寒。茶之功大矣……"明代宁王朱权在《茶谱》中谈到了茶可以助诗兴，茶事乃是雅人之事，用以修身养性。"或会于泉石之间，或处于松竹之下，或对皓月清风，或坐明窗静牖，乃与客清谈款话，探虚幻而参造化，清心神而出尘表。"朱权所说的饮茶最高境界，本身就是诗意的表达。朱权是明太祖朱元璋的第十七子，据说婺源大畈地名的由来源于朱元璋，而宁王朱权改封南昌后是否到过婺源，至今还是个谜。

茶与文化结缘，烙上文化符号，始于唐代。品茶赋诗，在唐代已形成风气。文化的发达，饮茶风尚的盛行，日益丰富着人们的精神生活。千百年来，茶以一种平和与神韵，经久地滋润着世人的味蕾，它成了诗人的自喻和文人墨客书写人生的象征物。婺源历代以茶入诗，留下吟咏很多，在各个历史阶段和不同阶层都有流传。

"郁郁层峦夹岸青，青山绿水去无声。烟波一棹知何许，鹧鸪两山相对鸣。"［《水口行舟二首》（其一）］800多年前，婺源人朱熹触景生情,让山上清新、柔软的绿,与鸟的欢娱鸣唱、溪水碧波,一起在诗中发酵,经年散发着造化之美。

清水淡墨,远山如黛。朱熹年轻时就开始"戒酒饮茶",他面对家乡魂牵梦绕的景色,怎么会少了茶呢?认识诗人最好的方式,当然是去读他的诗。

茗饮瀹甘寒,抖擞神气增。
顿觉尘虑空,豁然悦心目。

朱熹的《咏茶》表达了他的"爱茶之切"。

朱熹与茶的"结缘之深",还得从他的先祖朱瑰说起。唐末时,朱瑰受命领兵镇守茶区婺源,后在茶院任职,负责茶税征收,这是他被后裔尊为"婺源茶院朱氏一世祖"的由来。在朱熹人生的旅程里,他只两次回到家乡婺源。在家乡期间,他写过一些有关茶的诗文,每一首都是情感的渗透与自觉的表达。

在朱熹那个慢生活的年代,二三好友,一起登山临水,择地而烹,以茶促诗,不失为一大雅事。

茶灶

仙翁遗石灶,宛在水中央。
饮罢方舟去,茶烟袅细香。

在中国的历史长河中,把唐末至宋初的一段分裂割据时期称之为五代。宋代诗人许仕叔来到了"吴楚分源"之地——浙岭。当他听到了五代时方婆长年累月烧茶给过往行人解渴的善举,以及行人知恩图

报为她投石垒冢的义举,情绪难抑,夹叙夹议,留下了《题浙岭堆婆石》的吟咏:

> 撑空迭石何嵯峨,世传其名曰堆婆。
> 乃在浙岭之巅、吴山之阿。
> 我来于此少憩息,借问父老元如何。
> 父老为言五代时,有婆姓方氏,结茅岭巅两鬓皤。
> 为念往来渴,均施汤水无偏颇。
> 行人以此尽感激,婆言我亦期无他。
> 早晚吾骨只堆此,愿将一石堆吾坡。
> 尔来迄今四百载,行人堆石不少差。
> 我亦拾石堆其冢,既行且叹复逶迤。
> 今冢之高过百尺,堆石亦已岂虚过。
> 乃知一饮一滴水,恩至久远不可磨。
> 古人一饮在必报,如此传说夫岂讹。
> 吁嗟俗世人,乃道无恩波。
> 反恩以为仇,此语愚已多。
> 我适来此秋向晚,满屦霜叶仍吟哦。
> 因笔记此堆婆石,慷慨为赋堆婆歌。

方婆的事迹唤醒感恩的心,诗人把积蕴的情感全部注入了"乃知一饮一滴水,恩至久远不可磨"中。元代用诗吟诵五岭岭头免费供应茶水之事的是婺源人王仪,他在池州任职,经常往返于五岭,成了岭头茶亭烧茶的见证者:

过五岭

五岭一日度,精力亦已竭。

赖是佛者徒,岭岭茶碗设。

石门山邻近大鳙山,因山巅有石岩空洞若门而得名。山上有圆明庵,庵边有茶地,当年许多修真者住在庵中。诗歌是有气味的。婺源济溪村在明代有一位诗人——游彦忠,他虽然在《石门山庵》中没有提到茶,但人们依然能够闻到茶香:

万里秋空日未斜,好风吹我到仙家。

幽寻胜迹栖霞磴,细读残碑别藓花。

古洞嗷嗷鸣野鹿,珠林点点集昏鸦。

石门深钻尘踪少,尽日烧丹养汞牙。

傍晚时分,清代学者张光禄走到羊岭脚下,看到村庄袅袅的炊烟,似乎从空气中闻到了芳香四溢的美酒和绿茶的香味:

羊岭有作

寂寂山林日影斜,绿荫深护几人家。

我来恰值炊烟起,满座香风酒与茶。

"山间茅屋书声响,放下扁担考一场。"岁月滤尽了历史的沧桑,在山的逶迤与水的流淌中,婺源的村庄依然透着一种由文化滋生的厚重与品位。婺源自古以来读书风气浓厚。一首首诗,是婺源人诗书传家、耕读文化的原始印记。据载,在清光绪年间,婺源县浙源乡沱口村的老中医郎之浩,他在出诊之余喜欢品茶,子孙陪侍一旁,尽享天伦之乐。郎之浩曾赋七律一首,子孙先后步韵相和,祖孙三人以诗承上启下,闲逸、高洁,亲情与精神气质都融于诗中,一时被传为佳话。

首唱

郎之浩

原宪当年苦守贫,代筹端赖众乡亲。
驰驱为博蝇头利,辗转难辞马足尘。
药自广来皆可贵,茶缘婺产尽堪珍。
世间疾苦知多少,应抱慈心济众人。

步韵奉和

郎玉瑢

幸承荫庇不忧贫,书味茶香日侍亲。
勉以医疗酬闾里,未因爵禄逐风尘。
百年国运殊难卜,几项家规实可珍。
惟愿后昆承弗替,读书还作济时人。

步韵奉和

郎盛伙

席丰履厚远清贫,庭训常聆善可亲。
实业绵延凭实学,浮名飘渺等浮尘。
忠诚涉世时时记,医药传家代代珍。
侍饮香茶深自警,承先启后在吾人。

这可谓三代"茶缘",一大乐趣吧。

千百年来,婺源的茶诗中有不少记载绿茶的诗句,在供后人欣赏和研究的同时,从中也可窥得一些婺源茶文化的历史与传承。茶诗有灵韵,温故而知新,一杯清茶相伴,可以通达古今。

婺源人张正金,集岐黄、丹青于一手,著有《鸥雨亭茶话》《婺源遗胜诗》等。他在《春二首》里注意到了婺源乡村的生产劳动,静动平衡,颇有意味:

春二首

一

谷雨天含嫩霭光,途中别有一番芳。
山山杉翠桐花白,户户烘茶煮蕨香。

二

村庄男妇往来忙,收麦采茶又插秧。
爱我胜明天意好,放排客望雨声长。

而他的《茶漕二首》却从婺源乡村景象落笔,摄取茶园景象,观察细微,情调优美,富有意象:

茶漕二首

一

雕琢山成万亩田,几经盘曲上层巅。
春收茶茗秋收稻,尽带云香与露鲜。

二

最爱茶漕五六家，两山相夹碧嵯峨。

清泉一带梳蒲发，夏日生凉冬日和。

如果说，男耕女织是古人的生活图景，那么，古往今来，茶与诗却是文人雅士闲情逸致的标签。婺源的文人雅士在以茶陶冶性情、净化心灵的同时，重建诗与茶的联系，对婺源绿茶扬名飘香的盛况赋予诗意。因茶兴感，因茶而诗，他们在过往年代诗意的表达，成为婺源绿茶在不同历史阶段发展的链接与见证。

思溪村的俞绍周（1863~1940），晚清秀才，一个纯粹的乡村文人，编有《文字知音》（手抄本4卷）、《鸣求友声》（手抄本）。他看到婺源的茶号购销两旺，直接为茶号歌吟：

考水茗占元茶号

茶号牌名茗占元，买来绿甲嫩开园。

色香与味俱佳妙，番佛高沽满万尊。

瑞草魁绿茶号

瑞草生香独占魁，加工精制出新裁。

申江运到推良品，善价而沽得意回。

"士农之家五，商之家三，工之家一。"此记载说明"婺俗多商"。龙腾村人俞仰清子承父业，他从父亲俞杰然手中接过"协和昌"与"祥馨永"茶号，在婺源创建了第一座机械化茶叶精制加工厂。"祥馨永"

俞绍周茶联茶诗手抄本

鼎盛时期，仅茶号拣茶和花园养花的工人就有300多人。俞仰清称得上是"商而兼士，贾而好儒"的代表，他在扩大经营的同时，不忘为自己的茶号和产品赋诗作宣传：

协和昌茶诗

北源山翠绿丛丛，吸取精华雾露中。
换骨轻身传奥秘，涤烦耐渴著奇功。
香浮玉盏牙生液，凉遍心胸腋透风。
寒夜客来茶当酒，至今高傲想坡公。

藏头诗

兰气超群众媚王，芳融瑞草妙浑香。
茶名云雾钟黄海，庄辟星江近紫阳。
双合龙团兼雀舌，窖成金粟抵琼浆。
珠玑善贾都无比，兰室倾谈好品尝。

四　茶乡的韵味

广告诗

厂设龙腾祥馨永，采办云雾名龙井。
提选龙团并雀舌，商标龙腾瑞云景。
精窨珠兰熏茉莉，美国赛会奖一等。
得奖金牌清政赠，官礼名茶最优品。
自供花园机器备，创销各国及叇零。
克己价廉货真稳，而副惠顾主人谨。

民国时期的学者俞家珠，对家乡的"陆香森"茶号与金竹峰茶赞叹有加：

题汪序昭"陆香森"茶号

茶叶萧条叹望洋，利权外溢国难强。
公多佳制驰名誉，大陆人人齿颊香。

赞大畈金竹峰名茶

重峦翠嶂雾迷茫，峭壁泉流冷润长。
金匾流辉明帝敕，细眉上贡御龙尝。
剑毫嫩绿芳菲溢，雀舌微黄品味香。
大畈四珍茶为首，陆香森号誉重洋。

一个爱茶的人，是有福的。中国茶叶生物化学学科的创始人王泽农，无限眷恋家乡，他对家乡的茶叶留下了饱含深情的赞美：

蓦山溪·赞婺绿

星江承澍,密雾疏林沐。旖旎好春光,野清香,幽生兰谷。鄣山如画,秋口似锦簇。芽含露。上梅州,品种非凡目。

路庄魁首,自古称婺绿。梨、桂、畈、源茶,盛名著,浑雄润馥。茗眉新秀,味隽郁芳高,今胜昔,创名优,奋进催声促。

赞茗眉

路庄魁首推婺绿,青胜于蓝数茗眉。

晨露始开赶时采,雪毫显露新芽肥。

一芽一叶梅州种,半炒半烘火色宜。

适量适温精投制,翻扬撒捞手法齐。

叶成翠绿鲜且润,可口醇甜沫馥回。

齿颊留芳心肺腑,提神解倦效更奇。

人间甘露几时有,婺水鄣山报春晖。

时光缄默无语,茶诗却有回声。

小知识◎文会

婺源人称文人雅士品茗赋诗或切磋学问的聚会为文会。旧时,婺源许多村庄,都会在文昌阁、钓月亭等场所,定期或不定期举办文会。活动期间,村庄或者周边的文人雅士相聚一堂，品茗赋诗，切磋学问。文会的成员有儒商、秀才、生员，"会首"由成员推选产生，称之为"斯文"。溪头《下溪祝文录》中就记载了"蜚英会"的聚会帖："本月初三日，文会诸友齐集，入祠会文，各吐珠玑，预占蜚声之兆。光绪十六年（1890）岁次庚寅春正月。"

3 茶歌的情调

"昔晋杜育有荈赋,季疵有茶歌。"在晚唐文学家皮日休《茶中杂咏(并序)》的记述中,中国最早的茶歌是陆羽所作。但令人惋惜的是,这首茶歌未能流传下来。

茶歌,主要是由诗而歌,由谣而歌,以及茶农、茶工创作的民歌或山歌,婺源茶歌属于后者。千百年来,茶既让婺源人的生活艺术化,亦让婺源人的生活充满了诗情画意。而在千百年的时光里,婺源人一直过着春种、夏治、秋收、冬藏的农耕生活,有多少人的劳作是在茶歌里度过的呢?

"大家摘茶,大家摘茶!"每当清明、谷雨时节,婺源山村因"茶姑鸟"的叫声而充满灵韵。在这样的季节里,也是婺源茶歌传唱的黄金季节。山路上、茶园里、茶锅旁、薄暮中,处处茶歌缭绕。婺源的茶歌,是婺源人在生产活动(尤其是采茶)中抒发情怀的一种小曲。正如《四月天》中所唱的,日子便在茶歌缭绕中一天天清晰起来,一天天滋润起来:

做天难做四月天,菜篮细凳不离肩。

麦要日头秧要雨，采茶姑娘要阴天。

过去，日复一日的劳动，辛苦、单调、乏味。在《采茶歌》中，时代背景明显：

采采采，歌复歌。
新茶甫盈掬，朝暮辛苦多。
朝暮辛苦侬不惜，但苦岁月疾如梭。
稿砧一去无消息，茶叶青青奈汝何。

茶歌唱久了，就形成了自己的曲牌，一个调子，可自由填词。在婺源茶歌中，有唱爱情的，有唱茶事的，也有唱故事传说的。编入《婺源县民间歌曲集》（1981年编选，共收入婺源民歌138首）的《十二月采茶》，就是结合茶叶生长以及四时八节的自然景象，演唱神话传说、历史演义以及民间故事的，语言通俗易懂，曲调优美动听，节奏轻松活泼，具有浓郁的地方色彩和独特的民间风味：

正月（呀）采茶（哩）是新（呀）年（啦），
八仙（呀）飘海（哩）不用（呀）船（啦）。
太白（呀）金星（哩）云雾（呀）走（啦），
王母（呀）娘娘（哩）庆寿（呀）年（啦）。[1]
二月采茶正逢春，大破采石常遇春。
遇春手段本高强，杀进敌营乱纷纷。

---

[1] 以下每句都同上，有"呀、哩、啦"语音助词。

三月采茶桃花红,手拿长枪赵子龙。

百万军中救阿斗,万人头上逞英雄。

四月采茶做茶忙,把守三关杨六郎。

偷营劫寨是焦赞,杀人放火是孟良。

五月采茶是端阳,行山打猎咬脐郎。

滨州做官刘智远,三娘受苦在机房。

六月采茶热难当,刘秀逃难到乌江。

姚期马武双救驾,二十八宿掌朝纲。

七月采茶秋风凉,两国相争定君王。

霸王不听范增话,倒把韩信随汉王。

八月采茶是中秋,隋炀皇帝下扬州。

一心要把琼花看,万里江山一夜丢。

九月采茶菊花黄,关公驮刀斩蔡阳。

斩得蔡阳头落地,张飞跪下接云长。

十月采茶小阳春,披枷戴锁玉堂春。

关王庙会王公子,如何受苦到如今。

十一月采茶雪花飞,项王垓下别虞姬。

虞姬做了刀下鬼,一对鸳鸯两处飞。

十二月采茶又一年,好个吕布戏貂蝉。

吕布辕门斩董卓,笑煞王允在眼前。

俗话说:"无郎无姐不成歌。"茶歌是情感的孵化器,情歌在婺源茶歌中占有很大的比重。即便是稀松平常的语句,从情侣口中唱出,便有了异样的效果。《三月清明采茶天》就是首情歌,唱的是男女情爱。只要聆听其中一段,便能感受到歌词的朴实真挚,曲调的优美动听。

茶舞演绎《三月清明采茶天》

其感性的节奏,情感的叠唱,细腻、真挚,一如茶园细细的风,柔柔的雨:

> 三月清明采茶天(啦哈哩)采茶(哟)天(哩),
> 姐上山来哥下田(啰咧)哥下(哟)田(哩)。
> 新芽当摘赶紧摘(啦哈哩)赶紧摘(啰),
> 秋茶叶老又一年(啰咧)又一年(哟喂)!
> ……

在乡野茶园,鸟、蜂、虫,还有其他生灵的叫声,都是茶歌的伴奏。劳动中的浪漫,别具风情。尤其是芳心暗许的那种追慕与迷恋,茶歌更能促进情感的萌发。又如《采茶歌》,句句寄语相思,真的有《越人歌》中"山有木兮木有枝,心悦君兮君不知"的意味:

三月里好风光，妹采茶哥插秧。

手挎竹篮岗上走，走一步来望一望。

一根红线牵两头，我把哥哥挂心上。

水中戏鸳鸯，心头小鹿撞。

空中舞彩蝶，心底翻热浪。

往日采茶易满筐，今日称称没八两。

一心直把哥哥想，不知不觉梢头挂月亮。

跌跌撞撞下坡来，不知哥哥和我心里想的一样不一样。

此歌轻灵、婉约、甜美。歌声里流露着情感的信号，背景是满山遍野的茶园，茶丛上新发的芽头，而出场的主角是村姑、小伙。他们的脸色红润，女子还有几分羞涩和会心的笑意。

茶歌就像茶树上的芽头，萌发、采摘，采摘、萌发，一年又一年地轮回，即便重复，也是情感的怀恋和追忆。月转星移，随着时代的发展，男女爱情观念的变化，《三月清明采茶天》曲调没变，歌词有了变化：

三月清明采茶天（啦哈哩）采茶（哟）天（哩），

挎篮爬岭摘毛尖（啰呖）摘毛（哟）尖（哩）。

山歌想唱梦中事（啦哈哩）梦中事（啰），

小口未开先红脸（啰呖）先红脸（哟喂）！

三月清明采茶天（啦哈哩）采茶（哟）天（哩），

妹上山来哥弄田（啰呖）哥弄（哟）田（哩）。

喊破喉咙歌不应（啦哈哩）歌不应（啰），

干脆唱到妹跟前（啰哩）妹跟前（哟喂）！
三月清明采茶天（啦哈哩）采茶（哟）天（哩），
忽晴忽雨起云烟（啰咧）起云（哟）烟（哩）。
打开小伞谁来共（啦哈哩）谁来共（啰），
陪我采到日头偏（啰哩）日头偏（哟喂）！
三月清明采茶天（啦哈哩）采茶（哟）天（哩），
伞小才好肩并肩（啰咧）肩并（哟）肩（哩）。
莫讲从早采到晚（啦哈哩）采到晚（啰），
哥愿陪你一百年（啰哩）一百年（哟喂）！

这样的茶歌，是否醉了山野，醉了春风，醉了青春年华一个个忙碌的日子？又如：

三月清明采茶天，采茶姑娘情绵绵；
徐徐春风撩青发，融融春色手指牵。
三月清明采茶天，采茶姑娘遍山间；
心又灵来手又巧，指缝流出绿色泉。
三月清明采茶天，采茶姑娘心里甜；
歌声汗水一齐甩，换来美景乐无边。

在这样的情景里，意味着情感在进一步深入，名字的符号已经不重要了，有的欢喜地叫着乳名，有的直接用"喂"或者"哎"代替了。他们不仅劳作的时候唱，歇气的时候也唱，一首《山里人的爱》，把心声直接表达了出来：

爱在山坳里，

爱在田野里，

爱在悠悠的呼牛调里，

爱在茶丛里，

爱在茶园里，

相思藏在女子的心窝里。

爱在晨雾里，

爱在小溪里，

爱在欢快的捣衣声里，

爱在月光里，

爱在桥亭里，

亲亲甜在哥哥的梦乡里。

山里人的爱（从来不掩饰），

爱就爱到底（有心结连理），

把爱编成一首歌，

它只唱给你。

婺源茶歌以"茶乡气息"而显露特色。在婺源，还有一些茶歌采用茶歌曲调，其歌唱内容并不限于茶事，生活气息浓郁，如《茉莉姑娘》这样的吟唱，足以唤起人们内心的忧伤和伤痛：

茉莉姑娘得病（哩）在牙床，水仙（个）公子泪汪汪。

秋菊（哩是）芙蓉来服侍，百合海棠坐两旁。

金桂（哩是）银杏来打轿，要接（个）高明柳先生。

春兰（哩是）就把先生接，杜鹃石榴抬药箱。
七姐妹双双来（呀）来探病，瑞香（个）姐姐奉茶汤。
问问（哩是）姑娘什么病，头痛石榴鸡冠血。
若想（哩是）姑娘病要好，除了（个）葵花命不长。
水仙葬了梅花葬，蝴蝶葬在并蒡旁。

春风里，茶树在摇曳，茶歌在传唱。又如《浪子歌》：

……
四月浪子日正长，
农夫割禾日日忙。
东家叫我担茶饭，
西家叫我送茶汤。
……

茶歌是从茶谣开始的。婺源的茶谣也十分丰富，多由茶农口头创作，用方言吟唱，既通俗流畅，又押韵上口。它和其他许多歌谣一样，说的是身边事，唱的是心中情，寄托的是人们对美好生活的憧憬和向往。《进学堂》就是这样一首茶谣，风格清新，寓意美好，同时也从一个侧面反映了婺源崇文重教的风尚：

摘茶姐，卖茶郎，
一斤糕，两斤糖，打发哥哥进学堂。
读得三年书，中个状元郎。
金童来报喜，玉女来送房。

阿姐做新人,阿哥做新郎。

婺源还有小孩唱的茶谣,也叫儿歌,如下面这首《亲家伫来吃茶》,语言直白,生动诙谐,婺源山村孩童用方言腔调吟唱,更是妙趣横生:

的的筅,筅枇杷,
亲家伫,来吃茶。
百样果子都有哈(hà),
差之白糖和芝麻。

婺源的每一首茶歌,都有一个茶韵缭绕的季节,都有一份如沐春风的情感,都有一根萌动的心弦。中国农业考古学科创办人、茶文化研究专家陈文华教授,把婺源晓起村建成"中国茶文化第一村"(村中有保存完好、至今仍可操作的九转连磨水力捻茶机,在全国只有晓起存有一套),有人将他的事迹编入茶歌,呈现出浓浓的乡土气息。

春天,人们听到茶歌的时候,极其自然地想到了春天茶园的气息。在婺源的茶歌里,蕴含着的是婺源人的生活情调,而散发着的却是婺源人在农耕时代的生活活力。

4　茶联的镌痕

"只缘清香成清趣,全因浓酽有浓情。"唐宋时起,文人雅士把茶写入诗词中,在留下不少诗词佳作的同时,亦留下了不少有趣有味的茶联。对联讲究对仗与意境,是中华传统文化中出彩的部分之一。

客来莫嫌茶当酒,
山居偏隅竹为邻。

忠孝传家远,
诗书处世长。

朱熹800多年前回婺源省亲时所作之联,充分表达了自己对茶的嗜好和对生活平淡如水境界的追求。后来,有人借他的《读书有感》写了一副对联:

天光云影晴川入画,
鸥雨草堂活水烹茗。

婺源既是茶乡，亦是书乡。婺源人把茶列入了对联吟诵的主题，佳对频现。历史上，婺源有名可考的茶亭有130多座。亭中的对联十分丰富，且妙趣横生，有的还铺陈出一个个生动的故事，口口相传：

第一等好事，只是读书；
几百年人家，无非积善。

一杯春露能提劲，
二脚生风几欲仙。

在婺源，方婆和堆婆冢成为婺源民间推崇至善至美的精神象征，影响感化着一代又一代婺源人。浙岭之上茶亭的茶联不仅讲述了方婆不辞辛苦，不计报酬，像普度众生的菩萨一样，几十年如一日地为过往行旅烧茶供饮的故事，还表达了过往商旅思念方婆、仰慕其高风的心情：

茶婆抱一片佛心，广济往来人，苦修善果；
旅客历多年世故，兴怀今古事，企仰高风。

婺源县东门城外五里岭有一座茶亭，传说一位当过知县的进士，应邀为此亭写了一副对联：

因甚的走忙忙，这等步乱慌张，毕竟负屈含冤，要往邑中伸曲直；

倒不如且坐坐，自然神收怒息，宁可情容理让，请回宅上讲调和。

俗话说，无巧不成书。此联贴出不久，某村就有两位村民要进城打官司。他们汗流满面，气喘吁吁地走到五里岭，见到茶亭上的对联，都不由得愣住了。进亭喝茶时，又听守亭人说这副对联是当过知县的进士所写，两人就更觉奇怪了，难道进士知道他们要来打官司？这两位村民是邻居，为了争宅前的一点空地而经常吵架，公说公有理，婆说婆有理，一气之下竟然要进城打官司。两人又读了读此联，都醒悟了，于是两位村民一前一后往回走了。一传十，十传百，这件事很快就传开了，人们无不称奇。后来，人们便把东门城外五里岭称为"回头岭"。

到了清末，曾担任江西审判厅丞的婺源人江峰青，奉母还山，回到家乡。他是饱学宿儒，能诗善画；更是撰联高手，有乡友向他求字，遂以回头岭茶亭的故事写了一副对联：

莫打官司，三个旁人当知县；
各勤稼穑，百般生意不如田。

古语说，当事者迷，旁观者清。江峰青身为审判厅丞，在官场多年。他这副对联不只劝告乡亲息讼，更表达出其以农为本、安于耕种的农业社会伦理观念，且语言简练通俗。前后对比，江峰青的对联比回头岭上的对联当更胜一筹。

水运的繁荣，贸易出口的刺激，让屯溪成了徽州各县绿茶拼配和集散的基地。清代咸丰时期，婺源人就在屯溪开了"俞德和""俞德昌""胡源馨""金隆泰"四家茶号，各制绿茶千百箱运往香港销售；"俞德盛"茶号所制的"新六香"牌绿茶,开始远销西欧。光绪三十四年(1908)出版的《婺源地理教科书》中写道:"我婺物产茶为大宗,顾茶唯销于外洋一路……"可见婺源绿茶外销之盛。后来,更多的婺源人在屯溪从事茶叶生意。应屯溪茶叶讲习所的邀请,江峰青还为之拟了长联:

  新安产品能争雄海内外,只此松萝,与诸生加意讲求,总期质美制良,欧澳名驰,印度锡兰齐退舍;
  实业专家咸谓吾国富强,端资树艺,愿他日从容推广,行见物华天宝,舟车利市,黄支鸟弋尽输琛。

  旧时,江湾是一条通往屯溪的主要通道。村口路边的南关亭,成了村民歇脚喝茶聊天的场所。南关亭亭柱上的对联,教人自律:

  静坐当思己过,
  闲谈勿论人非。

  婺源文风兴盛,历代读书做官的不乏其人。在历史上,婺源曾出进士、举人1000多个。由进士而任官吏者,其中四品以上就有140多位。
  穿乡进村,一路上亭中的对联,很多都是倡导耕读传家与书礼教化。

  第一等好事,只是读书;
  几百年人家,无非积善。

传家无别话，非耕则读；
裕后有良方，惟德与仁。

敦厚温柔，诗之教也；
樽节退让，礼之则也。

博爱之谓仁，行宜之谓义；
太上有立德，其次有立功。

在婺源西北部的坑头村，从明代成化到嘉靖年间共出了40位进士，其中一房出了9个进士。赫赫有名的潘潢（？～1555），还在户部、工部、吏部、兵部任过尚书。于是，村中有一副闻名遐迩的对联："一门九进士，六部四尚书。"坑头村与洪村直接有驿道相连，岭脊上有石亭，两村之间还隔着一个硖石村。相传有一天，坑头村的几位文人到清华洪村去做客，与洪村的雅士品松萝茶时，以茶助兴，遂出了上联：绸缎纱，官宦家，不是官宦家，不穿绸缎纱。

洪村人一看，知道坑头人又在炫耀村中出的官多。不过，这上联也确实出得绝，才华毕露，无懈可击。洪村人当然也不甘示弱，一边慢慢品茶，一边苦思冥想："'绸缎纱'都是绞丝旁，都是布，而'官宦家'又全是宝盖头，这上联确实出得妙呀！"酽茶三道，一阵茶香扑鼻，洪村人思路豁然开朗，下联随口而出：茶荭莽，行径德，不喝茶荭莽，不配行径德！

坑头人仔细推敲："'茶荭莽'都是草字头，也都是茶之别名，'行径德'都是双人旁，在婺源方言中，'径'同'俭'音，这不正是体现了陆羽的'为饮，最宜精行俭德之人'的意蕴吗？"坑头人赞叹之余，心悦诚服。

同是在坑头村,从下面的一副对联中可以感受到村庄民约的力量:

  清风飘拂老矣,春光劝妇子行止端慎,勿取非其有;
  嘉卉栽培垒然,秋实倘丁男嫌疑勿避,须知法必惩。

茶联中还有许多淳朴自然、别有情趣的妙作。秋口镇秋溪村的一座茶亭就写有这样一副对联:

  面前这间小屋,有凳有茶,行家不妨稍坐憩;
  两头俱是大路,为名为利,各人自去赶前程。

类似上联的还有:"忙中偷闲,坐且行,行且坐;劳极思逸,谈而笑,笑而谈。"看似平淡,却耐人细品。"走不尽的长路,歇一歇再行前去;想不完的心思,停一停暂且丢开。""善恶有报分迟早,祸福无情看后先。"更是喻世劝人,回味无穷。

婺源为茶扬名的对联更是别出心裁,不似广告却胜似广告。民国四年(1915),思口龙腾村"协和昌"茶庄产制的"珠兰精茶",延村金氏"鼎盛隆"茶庄精制的绿茶,均在巴拿马万国博览会上展出并获奖。"协和昌"茶庄就有三副店联,自然得体,颇有意味。

把"协和昌"三字嵌入,传递着"同心协力,和气生财"经营理念的对联:

  协力同心均遂意,
  和气生财必大昌。

把"熙春、雨前、云雾、香片、家园"五个茶名，精心组合，巧妙嵌入的对联：

熙雨布云瑞香纷家园，
春前花雾秀片放园林。

以宣传"茶能提神"为主题，同时抒发思乡之情的对联：

味有清香，唤醒故都之旧梦；
酒消烦闷，聊资贡献于新安。

在民国时期，思口西冲人俞尚群也写了一副嵌入"茗占元"字号的茶联：

茗战星江色香并占，
元抡春浦名利兼隆。

无论是"协和昌"，还是"茗占元"，每一副茶联都使品质优异的婺源绿茶跃然而出，既增添了诗意和文化色彩，又增添了无限的情趣。坐上上海滩茶业界第一把交椅的"茶叶大王"郑鉴源，非常重视茶叶的包装，他印在"鸿怡泰"茶庄茶叶罐上的联语是：

风生两腋，
香满一瓯。

茶叶改良场，是20世纪30年代的产物。曾任婺源茶叶改良场经理的郎盛伙，为茶叶改良场留下了两副对联，不仅有着很强的时代印记，还透出婺源茶人顽强拼搏的精神：

重瞻婺绿驰名，改图良策；
遥绍书乡盛誉，再鼓雄风。

茶局亦如棋，端赖精思筹妙策；
商场原似海，尤凭实力驾轻舟。

当年，江西省教育厅长程时奎在婺源视察国民教育工作时欣然挥毫题联：

茅屋书声响，
山村茶叶香。

后来，民间有高人将茶区的村名串成联语，大气而有意境：

龙腾金竹上，
鱼潭鹤溪边。

在倡导食品安全的当下，民间人士写的对联虽然有些偏执，但直率中透出民间的智慧：

爱妻爱子爱家庭不爱茶等于零，

有钱有势有成功不买茶一场空。

横批：好茶不贵健康永驻。

"一杯春露皆留客，两腋生风几欲仙。""三分分茶，解解解元之渴；一朝朝罢，行行行院之家。""来去匆匆，请喝一盏；分文不取，方婆遗风。"茶亭中的对联，大多都是刻在木板或者半边竹面上的，联语中夹有繁体字，字体或行、或楷、或隶，都有刻刀留下的韵味。

一副副立意新颖、构思精巧的茶联，俨如一杯杯香茗，飘逸着婺绿的清香；一副副益然成趣、通俗易懂的茶联，宛如时光的刻刀，在婺源茶文化上镌刻出一朵朵奇葩。

小知识◎婺源对联习俗

婺源对联有春联、喜联、寿联、挽联、装饰联、风景名胜联等。按照类别分，婺源茶联应列入行业联中。

据业内人士研究，婺源在宋代初期就有一些庙堂、宅第开始悬挂对联了，并形成了习俗。朱熹题写的木刻联"忠孝传家远，诗书处世长"，为婺源现存最早的实物。清代梁章钜的《楹联丛话》就录入朱熹、齐彦槐的联文多副。婺源历史上流传下来的对联作者有40多人，联文有600副左右。

在婺源的祠堂、庙宇、厅室、亭台楼阁中,对联是必不可少的。民间的红白喜事,以及建屋筑桥,更是少不了对联营造氛围。

五 风情的演绎
——婺源茶道的前世今生

婺源，一个在商代以前就有人类活动生息的典型山区，这片土地上的原住民是山越族。后来，随着中国历史上西晋末年"永嘉之乱"后、唐"安史之乱"后、北宋末年"靖康之变"后的三次大规模人口南迁，外来氏族部落成员的不断迁入，这片峰峦叠嶂、河流密布的地方，不仅成了中原士族避乱归隐的地方，也成了中原文化与当地文化相融之地。同时，为婺源形成独特的地域文化积层提供了背景与元素。

沿着中国的茶文化史，去追溯茶道的源头，它至少在唐代或唐代以前。"茶道大行,王公朝士无不饮者","以茶可行道,以茶可雅志"。唐朝《封氏闻见记》与《饮茶十德》中就有这样的记载。中国茶文化的主体是人,茶是作为人的客体而存在的,而茶道是以修行得道为宗旨的饮茶艺术,在品茶、赏茶的过程中追求意境之美。

婺源茶道从婺源茶文化中选取不同的意蕴与内涵,遵循审美创作规律,通过艺术加工,向饮茶人和宾客集中展现茶的冲、泡、饮的技巧,把日常的饮茶引向艺术化,提升了品饮的境界,从而赋予了婺源绿茶更强的灵性和美感。

王涧石、詹永萱二人通过共同研究,将婺源茶道的内涵与精神总结为"敬、和、俭、静"。然而,在历史的发展进程中,由于饮茶主体、条件、环境、功用等方面的不同,茶道呈现出的形态是不同的。婺源茶道以"农家茶""富室茶""文士茶"进行细分,反映出了不同层次的文化形态。

1 农家茶

婺源乡间的早上,人们随着鸟的叫声醒来,烧茶水的炉火呢,也随着主人醒来而旺起火苗。司炉执壶泡茶,是婺源农家一天生活的开始。

在依山傍水的婺源乡村,茶是农家生活的一部分,不仅家家会种茶,而且人人善做茶,个个会品茶。乡村人家,父母采茶、制茶都会带上自己的"小把戏"(孩子),多个帮手是其次,主要目的是让他们能够学习掌握采茶、制茶的过程。因为,在婺源乡村,茶是农家的主要经济来源,采茶、制茶是从事生产劳动的一门基本技能。传统的手工制茶,杀青的火候、揉捻的力度,全凭感觉与经验。显然,在这样的村庄,都会有一两个掌握制茶绝活的人。

婺源人不论是上山伐木,还是下田耕作,都要带上用竹子做成的茶筒(茶筒是选用碗口粗的毛竹削去青皮制作而成的,上端留半边成瓢状,瓢边竹节开一圆孔。讲究的,在茶筒上还刻些翎毛花卉,两端系上可以背的带子,既美观,又方便实用)。茶筒中的茶是早上在家中泡入茶筒的,野外劳作随时可以饮用。用茶筒泡的茶,除了有茶叶

婺源茶道：农家茶冲泡

的香气之外，还有竹子的清香，成为清凉解渴的首选。据说，夏天用茶筒泡茶，不仅茶水不会馊，人们喝了也不会中暑。婺源是茶乡，有的村庄就直接用"茶"字起地名，如茶坑、茶坦、茶坞等。村庄与村庄之间的道路，为方便过往路人还设有茶亭，茶亭中还有专人用陶钵或茶桶来烧茶、煨茶，行人走过、路过，拿起长柄竹筒（削过的半截竹筒，侧面嵌上竹柄）舀起就可以饮用。婺源人家家里待客，更是非茶不可。铜壶烧水，瓷壶冲泡，然后再分茶敬客，盛茶则用汤瓯（一种类似小碗的茶具）。这就是"农家茶"。没有喝过农家茶的人，很难想象那种味道：汤瓯、蓝边碗（瓷碗），抑或茶筒、茶桶的茶，适合渴了之后牛饮，咕咚几口，真能喝出一份清新与爽朗，还有一丝丝苦味中的回甘。

艺术，源于生活而高于生活。牛饮只是为了解渴；品字却有三个口，能清心。品茶，讲究环境、器具，以及冲泡。农家茶道表演程序依次为摆具、备茶、赏茶、荡碗、投茶、冲泡、分茶、敬茶和品茶等九道。农家茶所用的茶叶是特级婺源绿茶，水则是山间清醇的泉水，茶具为青花瓷壶与茶盅、铜壶。在悠扬的古乐声中，头系蜡染头巾，身着青花上衣，腰围绣花短裙的村姑，迈着轻盈的脚步，依次倒水洗盅。再用铜壶煮水，随之投茶叶入青花瓷壶。待水沸后，注入青花瓷壶。此时，壶中茶叶的清香随着壶中的热气向外散出，沁人心脾。而后，村姑手执瓷壶，依次从前至后，由左向右，为茶客斟茶。茶姑于举手投足之间，传递着婺源乡村的热情好客，让人备感亲切。

因陋就简，真诚淳朴。一瓯茶里，漾着婺源农家朴实真切的情怀。

2 文士茶

窗外,山光水色;窗内,书案茶几。书案上,铺展着羊毛毡,笔墨纸砚一应俱全。窗外的风,翻动茶几上的书。

因静而慢,由慢而悠然。沉浸在一杯茶里,唇齿含香,随遇而安。

"矮纸斜行闲作草,晴窗细乳戏分茶。"没有文人的风雅,就没有了茶的韵味。

婺源茶道中,最讲究的当推文士茶。

与茶结缘,是文人雅士的一种情趣。在不同的历史时期,他们"求茶重在隽永,求水重在清洌,茶友重在高雅",并把茶品出了不同的意韵与境界。婺源历史上属新安文化,其文化特点是儒雅风流。因此,文人学士品茶,一讲"境雅",或竹坞流泉,或幽院明轩;二讲"器雅",泥炉郭炭,瓦罐竹勺,茶碗也以古朴为上;三讲"人雅"。人是品茶的主体,当然是最重要的。至于泉之高下,火之文武,水之三沸,泡之疾徐,更是无以穷尽,追求的是一种"汤清、气清、心清"的神妙境界,深得文人雅士们钟爱。

一杯茶,浓淡之间,一如时间的过渡。

"文士茶"表演依次分别为摆具、焚香、盥手、备茶、涤器、置茶、投茶、洗茶、冲泡、献茗、受茶、闻香、观色、品味、上水和二道茶等17道程序。文士茶选用的茶与水,都是极其讲究的,茶要婺绿茗眉、灵岩剑峰,水则是地下水或山泉水。表演的女子清一色婺源清时的装束:头挽云髻,插红蝶珠花或蝙蝠珠花发髻,上着天青绣花的宽袖大襟衣裳,下系藏青百褶大摆曳地条形罗裙。她们体态端庄,神情专注,手法细腻流畅,气息清正平和,一副大家闺秀的风范。

文士茶在品饮程序上尽管与绿茶其他产区也大致相同,但它却因融合了婺源建筑和服饰等文化元素,并在传承婺源民间茶俗的基础上加以提炼升华,从而有着更为强烈的地域特点,也更加凸显了"新安人近雅"的文化心理和审美意象。以茶为载体,淡泊明志,宁静致远,

婺源茶道:"文士茶"表演

文士茶尤其注重对"敬、和、俭、静"文化内涵与道德精神的诠释和传达。

中国茶道的根本是讲究真、追求美。而婺源茶道是以茶立德，以茶陶情，以茶会友，以茶敬宾，注重环境、气氛，追求汤清、气清、心清以及境雅、器雅、人雅。明朝的茶人、学者许次纾在《茶疏》中说：饮茶要"心手闲适，披咏疲倦……明窗净几……风日晴和"。嗜茶而深谙茶理的许次纾，只注重了饮茶的环境，却忽视了精神的承载。

"文人墨客七大雅，琴棋书画诗酒茶。"茶是出世之茶，茶以载道。如果你追求饮茶环境和精神承载的统一，不妨在"文士茶"表演中去找寻吧。

3 富室茶

徽派建筑，配得上"精美"这个词。二三百年的雕花门窗，莹泽中藏着底气。高堂花厅，一杯茶，氤氲着大户人家的生活秩序与情趣。茶具的精致，茶品的优良，泡茶程序的繁复，等等，成了富裕人家追求品茗的状态和过程。有时，为品一杯茶，不惜耗费几十分钟，甚至更久的时间。

婺源富裕人家，房子高大宽敞，会客常在堂前或花厅，窗棂明净，桌椅红亮。大多数人家，墙上必挂几幅书画，显得雅致与气派。富室茶，是富裕人家在堂前花厅招待贵宾的一种高贵的饮茶习俗。客人无论是围坐八仙桌或分列两旁，座位均有大小之分。因此，敬茶时先左后右、先上后下的顺序，不允许有些许的差池。

富室茶的茶具，比农家茶讲究得多，一般用锡制的通气壶烧水，有的还用银壶。饮茶则是用粉彩、古彩或青花的盖碗，真可谓器尽奢华。盖碗，又称"三才碗"——茶盖在上，谓之"天"；茶托在下，谓之"地"；茶碗居中，谓之"人"——暗含天地人和之义。从一只盖碗所蕴含的意义中，可见富室茶的雅致与气度。

婺源国际茶文化节

"富室茶"表演选用的是婺源墨菊茶和山泉水，茶具为锡壶、盖碗。其表演程序依次为设具、备茶、赏茶、涤器、风茶、冲泡、敬茶、受茶和品茗等十法。身着浅色旗袍的茶道小姐，雍容华贵、端庄雅致，言行举止都显得温文尔雅、落落大方。

"一人得神，二人得趣，三四人得味。"品茗追求的是一种境界。相比于文士茶的清雅，富室茶多了一分温润与富贵气。

参考文献

1　俞寿康.中国名茶志[M].北京：农业出版社，1982.

2　余悦.中国茶韵[M].北京：中央民族大学出版社，2002.

3　郑建新.徽州古茶事[M].沈阳：辽宁人民出版社，2004.

4　于公介.中国的茶[M].北京：人民出版社，1987.

5　庄晚芳.中国茶史散论[M].北京：科学出版社，2008.

6　吴觉农.茶经评述[M].北京：农业出版社，1987.

7　康乃.中国茶文化趣谈[M].北京：中国旅游出版社，2006.

8　陈文华.中国茶文化典籍选读[M].南昌：江西教育出版社，2008.

9　洪鹏，王涧石，詹承烨，胡兆保.婺源绿茶[M].上海：上海文化出版社，2012.

10　丁以寿.中华茶艺[M].合肥：安徽教育出版社，2008.

11　李伟，李学昌.学茶艺[M].郑州：中原农民出版社，2002.

12　詹祥生.婺源博物馆藏品集粹[M].北京：文物出版社，2007.

13　詹祥生.婺源博物馆藏珍：书画[M].北京：文物出版社，2012.

14　夏涛.中华茶史[M].合肥：安徽教育出版社，2008.

15　婺源县政协文史委员会.书香遗韵[Z].婺源：婺源县政协

文史委员会，2007.

16　婺源县政协文史委员会.婺源县文史资料：第二辑，第四辑[Z].婺源：婺源县政协文史委员会，1993.

17　陈钰.中华茶之艺[M].北京：地震出版社，2010.

18　伊俊.陆羽茶艺笔记[M].北京：中国华侨出版社，2009.

19　婺源县志编纂委员会.婺源县志[M].北京：档案出版社，1993.

20　婺源县民间歌曲编选小组.婺源县民间歌曲集[Z].婺源：婺源县民间歌曲编选小组，1981.

21　王振中.活着的记忆：婺源非物质文化遗产录[M].南昌：江西人民出版社，2013.

22　毕新丁.婺源风俗通观[M].北京：中国文联出版社，2006.

23　王郁风，王启垠，郭士强.茶叶商品知识[M].北京：轻工业出版社，1960.

24　吴觉农.中国地方志茶叶历史资料选辑[M].北京：农业出版社，1990.

图书在版编目（CIP）数据

松风煮茗：婺源茶事 / 洪忠佩著. — 郑州：中州古籍出版社，2016.11
（华夏文库民俗书系）
ISBN 978-7-5348-6636-4

Ⅰ.①松… Ⅱ.①洪… Ⅲ.①茶文化–婺源县 Ⅳ.①TS971.21

中国版本图书馆CIP数据核字（2016）第281551号

华夏文库·民俗书系
松风煮茗：婺源茶事

总　策　划　耿相新　郭孟良
项目协调　单占生
项目执行　萧　红
责任编辑　赵建新
责任校对　苏晓园
封面设计　新海岸设计中心
版式设计　曾晶晶
美术编辑　王　歌

出　版	中州古籍出版社
	地址：河南省郑州市经五路66号
	邮编：450002
	电话：0371-65788693
经　销	新华书店
印　刷	河南新华印刷集团有限公司
版　次	2016年11月第1版
印　次	2016年11月第1次印刷
开　本	960毫米×640毫米　1 / 16
印　张	10.5印张
字　数	126千字
印　数	1-2000册
定　价	27.50元

本书如有印装质量问题，由承印厂负责调换